高等院校"十三五"应用型艺术设计教育系列规划教材

公共艺术与设施设计

主　编　郭媛媛　盛传新　马潇潇
副主编　郭婷婷　叶　钦　陈　景

合肥工业大学出版社

前言

　　随着我国改革开放的逐步深入及经济的飞速发展，"设计改变生活"已经成为不争的事实，设计对社会的贡献也促使艺术专业成为当前炙手可热的专业。艺术设计专业教育如何顺应社会的发展，并在社会向智慧城市、数字城市迈进的今天，如何确立完善的教学体系，并突出专业特色，创建完整的学科体系，是当前环境艺术设计教育关注的焦点。作为教育者，我们认为通过教材建设提高教学质量，以增加学生学习效率的加速度，是当前艺术设计学教学改革中不可或缺的一环。

　　在中国城市化进程速度加快的今天，公共艺术与公共设施已经成为提升城市美誉度的重要指标，也是整个城市气质外显最便捷的手段，亦是城市地域文化的载体。

　　在数字时代的今天，设计师的设计理念、思想观念和方法论都发生了重大的变化，设计师的综合素材和修养成为决定其自身真正价值的要素。针对公共艺术这样年纪尚轻，并在飞速发展的学科来说，回溯过去很难提高学习的加速度，仅仅是方法的学习对于培养一个运筹帷幄的设计师是远远不够的。公共艺术与设施的内涵囊括众多学科，对于艺术设计学院学习公共艺术设计或者环境艺术设计的学生而言，掌握公共艺术与设施设计的基础知识并具备了一定的设计创新思维，能为今后跨入社会打下坚实的基础，成为真正能进行独立设计的设计人才。在这个过程中，学生需要进行美学修养、设计思维甚至建筑能力的训练。而作为公共艺术设计专业或环境艺术设计专业中不可或缺的课程，在教学中本着符合我国艺术院校教学环境和学生实际情况的、具有创造感的教材则是教学取胜的关键。本书所编写的章节都是作者在从事实际教学工作过程中，有感于学生对公共艺术与城市公共设施所抱有的热情和对设计领域迫切需要解决的一些问题而成书。因此，本书的编写主要是从教学和便于学生理解的角度切入和展开。

　　本书的定位是一本面向艺术院系环境艺术设计专业的教学教材，本书的参编者均是奋战在教学岗位第一线上的艺术院系公共艺术设计专业和环境艺术设计专业的教学骨干。本书的作者们本着将丰富的公共艺术设计经验和严谨的治学态度传授给学生的同时，也期望将公共艺术的公共精神传达给学生，使学生了解作为设计师的社会使命感和责任心。正是在他们的努力下才使得当代最新的设计理念落实在了教材上，使得设计教学能够与时俱进，为学生提供了丰富全面的资讯，高屋建瓴地将设计与实践相结合，更以某个城市为基础论述和证明了书中的命题，并涉及一些公共艺术深层次问题的思考和讨论，所有这些都将使得本教材呈现出非凡的活力。

　　这本教材的作者均为一线教师，他们中很多人不仅是长期从事艺术教育的专家、院系领导和教师，而且多年坚持艺术与设计实践不辍，他们既是教育改革的先锋，也是艺术设计的资深从业者，这样的专业基础为本教材的撰写提供了更多的经验支持，一变传统教材的纸上谈兵，为当前向应用技术型大学转型提供了坚实的基础。本教材抓住信息时代的脉络，利用丰富全面的资讯，结合"以人为本"的体验式审美，凝练教学理念，以期让公共艺术与城市设施在未来的城市闪现更多的美之火花，也为未来的设计师之成长提供可靠的学习资料。

编　者
2017 年 6 月

目录
contents

第一部分　公共艺术设计

第1章 公共艺术的概念和属性

1.1 公共艺术的概念

公共艺术是使存在于公共空间的艺术能够在当代文化的意义上与社会公众发生关系的一种思想方式，是体现公共空间民主、开放、交流、共享的一种精神和态度。公共艺术可以采用各种方式来实现，诸如建筑、雕塑、绘画、摄影、书法、水体、园林景观小品、公共设施；它也可以是地景艺术、装置艺术、影像艺术、高科技艺术、行为艺术、表演艺术等，重要的不是形式，而是公共艺术所体现的价值取向。始终强调公众的参与，许多作品是艺术家和公众共同完成的，公众的参与使公共艺术真正成为公众的艺术。

公共艺术品除了装饰与美化环境外，也可以让大众亲切地接触，也可以培养人们对艺术美感的认知，超越了习惯上的美学素养。公共艺术的参与的结果，是实现作品的互动，即艺术家和公众的双向交流，相互影响，互动的主体是平行的，它是作品的延伸，它使公共艺术的结果呈现出开放性，作品的意义和结果只有在互动中才能完成。

公共艺术是地标、纪念碑、实用体、建筑物的装饰物、单独的具有美感条件的物品以及文化性的手工品等，均能达到公共艺术的功能。公共艺术的形式应包括以各种媒材、质材或混合材所创作的视觉艺术，其状态可以是移动或固定的。（图1-1）

图1-1 美国明尼阿波利斯雕塑公园的标志性作品"汤勺和樱桃"

1.2 公共艺术的属性

1.2.1 公共艺术的社会属性

公共艺术是面对社会，以大众为受众对象，以大众审美需求为目的的艺术。回顾公共艺术的发展历程，其社会性体现在两个方面：一是公共艺术服务于社会的实用功能；二是公共艺术反映了人民群众的思想追求。大众文化的迅速发展，促使公共艺术向商业化方向发展，在艺术表现上呈现出多元化的形式，从以往单一的具象性的形态转变为抽象性的金属雕塑成为典型的公共艺术形式。在较宽松的市场环境和多元化的艺术观念的氛围中，公共艺术结合自身特点，艺术家更多地开始关注百姓生活，如"深圳人的一天"雕塑，作者在创作之前就做了很多的社会调查，作品的创作是在充分了解民意的基础上，以市民化、大众化的标准去塑造深圳十八个普通市民。在北京的王府井，艺术家创作的"老北京"让游人与雕塑作品对话，艺术家用艺术形式讲述着历史的变迁。

1.2.2 公共艺术的文化属性

公共艺术不仅仅是艺术本身，含有丰富的社会理想和人文追求，其在营造城市空间和环境的同时，也用多种手段创造城市的新文化，反映社会发展的人文轨迹。公共艺术的发展注重历史传统和艺术特色，注重文化创新。当代公共艺术是以艺术为前提，以文化为属性，涵盖了环境艺术、互动装置、雕塑小品等，是艺术化和社会化的产物，在发展的过程中，促使其更好地成为文化传播的媒介，呈现出一定的文化价值。

1.3 公共艺术的功能和特征

1.3.1 艺术审美

艺术源于生活，高于生活，公共艺术就是给城市提供良好的环境，让人们栖息于美好的环境中。"城市让生活更美好"理念让人们更加重视城市公共环境，公共艺术所在的区域是人民群众长时间停留和活动的户外空间，如城市广场、地铁站等空间，里面的雕塑、艺术装置，首先在设计上要体现人性化，同时符合大众审美，体现一定的文化内涵。随着时代的变迁，公共艺术的审美标准发生了变化，以消费为特征的艺术兴起，强调公众参与性，倡导平民趣味，体现在公共艺术上是大众化、娱乐化和生活化，公共艺术的多元化成为其发展趋势。公共艺术是一个城市文化的展示，其内涵不仅仅在于还原和再现具象事物，如一个历史事件或者纪念某一个人，一味地过度强调公共艺术的尺度，塑造宏伟体量，而是建立当下人们与环境之间的一种关系，以此促成人们在公共环境中轻松、愉快地去体验和感受艺术品。公共艺术的创造需要更多地融入大众的文化内涵和品格精神，创造出人民大众喜爱的作品。

1.3.2 环境营造

城市中的公共艺术是城市的焦点，反映了城市文化、环境、心理，追求人与自然的和谐。艺术的最高境界是和谐，对于公共环境艺术来说，和谐是品质的追求，公共艺术正是和谐实现的过程，而使一个空间区域和公共艺术形成和谐的城市交响乐，是设计师和大众的共同努力。城市公共艺术是在城市这一公共空间中形成、发展与兴盛的，离开了城市的公共空间也就无所谓公共艺术这一概念的存在。公共艺术的提出、繁盛与现代城市化运动中对城市的经济贸易中心、企业生产中心、文化教育中心、科技孵化中心、旅游消费中心、市政规划与社会服务中心等职能的内在需求相一致。公共艺术其实是以一种特殊的方式记录着不同城市的精神风貌与卓越风姿，记录着社会的变革轨迹。

1.3.3 文化展示

回顾我国的公共艺术实践，无论是北京天安门广场的《人民英雄纪念碑》、首都国际机场壁画群，还是上海黄浦公园的《浦江潮》、浦东世纪大道的景观雕塑《东方之光——日晷》，广州越秀公园的《五羊石像》《广州解放纪念碑》以及青岛海滨的《五月的风》（图1-2）和香港特区的《永远盛开的紫荆花》，这些大量涌现的城市公共艺术在其特定的城市空间中，铭刻、纪念、叙述着城市、社区的故事，历史文脉和市民风情以及社会理想。它们作为一座城市特有的气质和市民大众共同生息、奋斗、交流之历程的伴生物和象征物，构成了城市公共空间中闪耀着人本主义光亮的温馨回忆。这些公共艺术以艺术化的手法，将市民的公共意识、民众的能动性、情感和创造性标立于世。它们在营造城市视觉形象和艺术氛围的同时，也把城市的精彩、生动的社会活动与市民的城市生活经验和情感予以交融，使得城市的优秀文化传统和公共精神潜移默化为城市居民的自觉意识。

1.3.4 地域标示

公共艺术一方面是城市发展的功能需求；另一方面是城市发展的象征表达。美国千禧公园是一个能反映当地居民生活状态的场所，而非高不可攀的神殿或纪念碑。在这样一个场所中，人们可以在此通过不锈钢雕塑的反射看自己的倒影，在皇冠喷泉中尽情戏水。人们可以轻松地在这里活动，愉悦心情，享受生活在这座城市的乐趣。公共艺术的地域性不仅仅是反映在地理环境上，还表现在特定的"场所"中，构成一定的功能和空间尺度，这也体现了地域性的存在，地域性是公共艺术存在的前提，也是一个城市文化发展的重要标志。

图1-2 青岛海滨的《五月的风》

1.4 公共艺术与公共设施的联系

　　城市公共设施在欧洲被称为"街道的工具"、城市的配件、园地装置。日本则称为"步行者道路的家具"（图1-3）。城市公共设施设计作为城市空间的要素之一，已是城市公共设施不可或缺的一部分，随着经济与社会的发展，公共设施已经不能仅仅满足简单的实用功能，公共设施是公共艺术的具象表现，是公共艺术与景观的一个交叉点，也是增加人与环境互动的一个契合点。

图1-3　城市户外公共座椅

图1-4　国外户外公共艺术

　　公共艺术是指公共开放空间中的艺术创作与相应的环境设计，从艺术形式上划分包括雕塑、绘画、摄影、广告、影像、表演等；从艺术功能上划分为纪念性、休闲性、实用性、游乐性公共设施（图1-4）。从展示的形式上划分为平面到立体、二维到三维；室内到室外直至地景等艺术形式。公共设施可以说是公共艺术的一部分，它是最实用的公共艺术，具备观赏、实用的功能，主要包括便利性设施，如路灯、垃圾桶、电话亭等；标志性设施，如指示牌、路标、公交站牌等（图1-5）；安全性设施，如照明、天桥、路栏等。（图1-6）

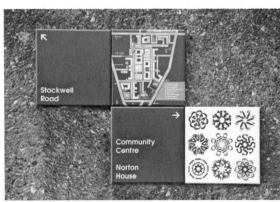
图1-5　国外公园创意指示牌

图1-6　人行天桥

练习思考题

　　1. 讨论公共艺术与人们生活的切实联系。

　　2. 公共艺术的价值体现在哪些方面。

第 2 章　公共艺术的产生和发展

2.1　西方公共艺术的产生与发展

2.1.1　西方公共艺术出现的思想基础

公共艺术在西方的出现，是建立在城市的发展和公共意识的觉醒的基础上的。西方始于 18 世纪的思想启蒙运动为公共艺术的出现奠定了思想基础，启蒙注意强调思想解放，使更多的普通市民通过知识获得了思想上的进步，公共艺术开始苏醒，"公共性""公共领域"等概念正式确立，但它并没有直接导致公共艺术的出现。自由、民主的社会思潮也对公共艺术的出现起了推波助澜的作用。（图 2-1、图 2-2）

2.1.2　市民社会的形成

市民社会可以说是公共艺术存在的客观基础，公众精神主导的公众权利标明了公共艺术与其他艺术的区别。不同的社会学理论对市民社会有不同的解释，一般地说市民社会是一种相对独立于政治的、相对自治的社会生活空间。《布莱克维尔政治学百科全书》中说，市民社会是"国家控制之外的社会和经济安排、规则、制度"，是"当代社会秩序中的非政治领域"。这也就是说，市民社会是属于私人自治领域，是国家不能直接干预的领域。

最早的市民社会可以追溯到 2500 年前的古希腊，随后古罗马人延续了古希腊的市民社会理念，并为后来欧洲个人自由和权利观念打下基础。欧洲的文艺复兴运动更是使人性的解放、自由、独立等观念渐渐深入人心。

图 2-1　芝加哥米罗公共艺术作品

图 2-2　米罗公共艺术作品：专为盲人解读的小样和盲文

2.1.3 城市化进程和公共艺术相关政策的推进

英国工业革命后，城市化进程脚步加快，由商业主导的现代城市的发展，直接导致了公共艺术的出现。工业革命后的西方城市，政治体制在城市发展的需求下，不断将公共空间艺术品的参与权下放给市民，可以说"一部西方近代史，就是城市阶级通过赎买和斗争，不断获得自治权的过程，就是城市和市民阶级相互作用逐步形成一种强大力量影响社会发展的过程"。

美国在1965年成立的国家艺术基金会（NEA），其两大宗旨之一就是"向美国民众普及艺术"，对公共艺术提供直接的赞助，成为公共艺术基本概念的确立和公共艺术大规模实施的标志。美国国家艺术基金会初始的构想是奖励杰出的艺术家（图2-3），引导艺术家的作品从美术馆走出去，公开地设置在人多的公共场所。历经数十年的努力，使得许多城市都成为没有围墙的美术馆，使艺术成为公众享有的资产，可以随时随地地陶冶情操，提高生活品质。

艺术的百分比计划奏响了公共艺术在西方大规模发展的序曲，百分比公共艺术即以建筑经费的1%作为艺术基金，为享用空间的大众服务。巴塞罗那、费城、巴黎等城市在当地政府公共艺术政策的支持下，涌现了一大批优秀的公共艺术品，不但为市民自我表达提供了的机会，同时也提升了城市的魅力。（图2-4）

以美国第二大城市洛杉矶为例，近20年来的公共艺术建筑卓有成效，这都要归功于重建局，在推动城市更新时，曾以个案方式与开发商协议，以优惠的条件诱导私人在实质建设之际，同时从事艺术建设。社区取向是洛杉矶公共艺术的特色之一，社区的分区在空间上确立了社区的领地，建立居民们的社区意识，使民众关心自己的生活环境，愿意积极地参与社区建设。最值得注意的是洛杉矶要求开发商提取建筑经费投资的百分之一从事公共艺术建设，所以洛杉矶的公共艺术经费常常来自民间。洛杉矶拟定的公共艺术政策，分为艺术计划、艺术设施和文化信托基金三种方式。（图2-5）

图2-3 亨利·摩尔的雕塑作品从高高的艺术展架上走下来，归于自然和市民之间，让公共艺术代表市民意志

图2-4 圣荷西市演艺中心广场《加州熊》

图2-5 洛杉矶小东京区内户外雕塑

关于公共艺术的经费，洛杉矶重建局以 1% 为标准，可是其运用灵活有弹性。凡是工程费低于 25 万美元或中、低收入住宅案，不必有 1% 的捐献。而 1% 经费以排除地价的开发经费为准。对于艺术计划的 1% 经费，重建局拨用 60% 的金额专款专用，其余 40% 金额则缴入文化信托基金。这种重建局、开发商、艺术家在公共艺术的建设中明晰的工作方式和内容，是洛杉矶公共艺术如此繁荣的原因，值得我们深思和借鉴。(图 2-6、图 2-7)

图 2-6　用幽默的手法表现严肃意义的公共艺术　　图 2-7　发动市民共同参与公共艺术的创作

2.2　中国城市公共艺术现状及其中的城市社会

中国的公共艺术总体上来说，是以观念文化为主导，折中为设计手法，其基本社会因素是大众消费文化的兴起，是中国在转型期的变革之一。世界著名公共艺术家关根伸夫对中国公共艺术设计现状的较为温和而笼统的看法是："以我之见，中国的公共艺术尚处在'量'重于'质'的时代。中国是一个有很多且很好的公共艺术的视觉传统符号的国家，但似乎还没有在现代环境艺术设计中充分发挥出来，而是常常让建筑独自发展，却让其周边环境流于空缺与芜杂。"随着城市化进程的推进，公共艺术在大部分城市生根发芽，并取得了良好的公共艺术效应，让艺术真正地融入生活，并为大众服务 (图 2-8)。但是我国的公共艺术也因为商业利益、长官意志、艺术家公众意识缺乏，公共艺术作品粗制滥造，却占用着属于社会的公共资源，以及公众对于艺术的盲目与冲动，导致公共艺术的"公共性""参与性"，在某些城市不能得以体现，公共艺术作品中的"公共精神"不能发挥到最佳，这成为当代公共艺术面临的亟待解决的问题。

图 2-8　《深圳人的一天》向普通人
致敬

2.2.1 中国城市公共艺术的现状及发展

公众艺术是在中国的艺术团体内发展起来的。当然，在通常情况下，公众艺术是刻画领导人、特定的英雄人物和政治艺术家的传统肖像雕塑。随后的艺术家是在 20 世纪三四十年代时期，向法国、意大利和苏联学习的一批艺术家，对人物表达出来新的个性及艺术角度的诠释，他们创作毛泽东、邓小平等一批领导人物肖像雕塑。这些伟人为新中国的发展和进步做出了巨大贡献，中国人非常尊重和敬仰他们。通过放置在城市公共空间的雕塑来表达人们的深切缅怀，并可以此教育下一代。同时，还有一类最常见的公共艺术作品，便是被称作"现实社会的浪漫主义"的公共艺术，取材往往是怀有无产阶级信念的工人、农民、无名英雄等，这类作品能号召普通人通过革命成为英雄人物，鼓舞人们的信心。与这类作品站在同一水平线上的还有"英雄烈士"类作品，比如雷锋、董存瑞、黄继光等，在全国各地的烈士陵园、纪念公园如北京皇城遗址公园，2001 年建于北京"五四大街"的高 4.5 米的铝锌铝合金雕塑"翻开历史新的一页——五四运动纪念碑"，这些雕塑随处可见。这些作品都受苏联的社会现实主义雕塑影响（图 2-9），但是又会以中国式的方式更有感染力地表达作品的主题，爱国主义教育和中国人的民族情节让这类设计主题长盛不衰。

图 2-9   "五四运动"纪念雕塑

自 20 世纪 80 年代开始，不锈钢、青铜、喷漆焊接钢或石头为材质的抽象雕塑横空出世并在短短的一段时间内红透大江南北。湖北美术学院的傅中望教授将石头和木料独特地结合在一起（图 2-10），创作出材料和结构颇具特色的艺术作品，并让抽象艺术作品不仅仅是不知所谓的言语，而是真正表达人们感情的作品。这一时期也不乏许多树立在市政广场成为城市败笔的粗制滥造的不锈钢雕塑，最后成了城市的鸡肋。与此同时现实主义题材的作品也渐渐出现，此时的公共艺术才真正走下圣坛，体现其不被政治左右的"公共性"。

图 2-10   傅中望《浮世物语——地门》

公共艺术领域也出现了"当代激进艺术"，它是时代的产物，也是思想自由和多元的产物。这批艺术家本着向现世的人们揭露问题和解决问题的态度，以自己的方式传达对政治和生态等的看法。如超现实主义雕塑家展望给长城"镶金牙"。思想永远是左右设计作品的主导因素，从革命题材到把裸体贴到首都机场，从赏山玩石到用不锈钢等极端手法表现假山（图 2-11），是社会观念影响下的公众审美心理的变化。

图 2-11   展望   何香凝美术馆前雕塑
　　　　　　《假山水》

公共艺术在中国不仅仅只是一个名词的借用，也不是环境艺术、景观艺术、城市雕塑的同义词，公共艺术应该有其自身的规定性。在当代中国的出现并不是偶然的，它是转型期的中国社会在公共事物中所呈现的开放性和民主化的进程在公共空间的反映。

2.2.2　经济发展促使对公共艺术的现实需求的出现

20 世纪 90 年代，中国经济开始由计划经济向市场经济转变，这一时期，经济空前发展，城市化进程飞速提高，同时大众消费市场形成，需要层次、审美需求及现实的感受性的提高无不催生对公共艺术的需求出现。经济满足了人们基本的物质需求后，在文化和社会现实双重制约下，中国的大众的的需要也越来越高，人们开始关注城市空间美与环境对生活的影响，并对城市中的拥挤、噪音、污染等问题高度关注，使得城市生活的重心向生态化方向倾斜，人们对城市的需求不仅仅停留在只是满足居住需要的容纳人的空间。

在经济的推动下文化进入了又一个繁荣时期，同时期教育和技术水平的进步，使得人们的艺术欣赏力、审美情趣等都不断地提高，人民开始有了表达欲望，而不仅仅是个城市的旁观者。公共艺术作品的公共性使得它能够成为普通人表达情感的符号。（图 2-12）

图 2-12　北京城市雕塑

2.2.3　城市居民社会化程度的提高唤醒了公众对公共艺术的热情

个体心理活动的发展变化与其所受的社会环境影响，以及个体对社会环境表现出来的行为方式的特殊性，是城市社会生活行为规范的基本要素，并影响个体乃至群体的生活质量及价值取向。

个体的社会化过程虽然有其生物遗传基础，但是个体穷极一生完成的个体社会化进程在追求个性的同时也在追求某些共性，即同一群体、民族、国家等成员往往拥有稳定的、共同的心理倾向。城市的市民、环境和市民的行为全部是互相依存的，并在变化中互为消长。在 1998 年抗击特大洪水过程中，人们体现出的万众一心、团结一致的共同心理倾向，成为公共雕塑的形象矗立在城市公共空间，而它传递的团结战胜困难的公共精神却超越城市的具体空间形态，在城市的历史中一代代地传承下去，影响着这一代以及下一代人的价值观。（图 2-13、图 2-14）

图 2-13　九江 1998 年抗洪纪念碑

图 2-14　武汉长江大桥九鼎台《大禹驾车检阅》

2.2.4　城市社会态度的转变催生着公共艺术的兴起

城市公共艺术所针对的研究对象，主要是在城市中生活的人的社会态度，即同一地区市民对城市某一对象所持有的评价和行为倾向。社会态度决定了人的某种期望和目标，并且具有动机作用。

中国城镇居民社会态度的转变，源于其价值基础的改变。自改革开放以来，城镇居民的价值观在经济、文化变化的双重冲击下发生转变，消费文化的兴起，城市文化更具多元性和包容性。人们对城市的认知也从"这个城市能养活全家"到"这座城市很漂亮，有发展潜力，宜居"，相应产生"我喜欢在这座城市居住"这样的情感，随之，人们对于自己的城市的设计产生某种意向，如"城市该放置更多的公共艺术品，让晚上纳凉的老人、游戏的儿童、运动的青少年皆有去处，并将我们的城市装点得更美"。市民在城市生活中的主动性提高，他们要求更多地参与到公众事务中来，要求有更多的公共交流空间，继而能营造这类空间的城市公共艺术适时地出现在中国大地上（图 2-15、图 2-16）。

图 2-15　冰雕"龙"　　　　　　图 2-16　沈也《超戒》

课后思考题

1. 公共艺术在西方的出现和在中国的出现，基于不同的背景和现实状况，中国公共艺术如何体现自身的特色。

2. 探讨公共艺术对市民的公共精神的有益作用。

第 3 章　公共艺术的造型手法

3.1　视觉形态

3.1.1　形态

公共艺术的形态具有具象和抽象两种。具象又有写实和变形之分。写实就是客观地再现对象，如很多人物雕塑就是通过再现人物的体态、精神气质来展现人物的特征；变形即对客观对象进行夸张的描写。抽象形式主要是通过点线面的形式，进行综合创造，达到公共艺术与周围环境的统一。我国陈逸飞与法国设计师夏邦杰联合创意设计的上海《东方之光》由一个钢制指针穿过巨大的镂空罗盘，造型像中国古代计时器"日晷"，以此喻明了作品表现时间的主题。指针体和圆盘构成的直角关系以及圆盘上的轴线又容易让人联想到古时的车轮与辐条，象征了滚滚前进的巨大的历史车轮。（图 3-1）

图 3-1　陈逸飞　夏邦杰《东方之光》

3.1.2 色彩

在造型的诸多因素中，色彩是一个能够相当强烈而迅速诉诸感觉的因素。从人的视觉感知物体来看，色彩往往比形态更容易被人所感知。当人们距离物体较远而形态模糊时，色彩却已被感知了。我们必须认识到在公共艺术创造中除了造型，对色彩的把握同样重要。

（1）色彩视觉效应的运用

色彩具有三个重要属性，即色相（Hue）或色调（Tone）；明度（Value）或明暗度（luminosity），与光照强度有关；纯度（Purity），又称彩度（Chroma）、饱和度（Saturation）。城市空间在设置运动装置公共艺术时，若将颜色的这三种属性表现出来，城市空间就像是一个巨大的万花筒，吸引着各种各样的人们，尤其是适于儿童的到来。一个好的例子就是地铁站的公益广告牌，在列车高速运行时，不是扰乱乘客的眼睛运动，造成视觉疲劳，而是利用视觉、颜色的恒常将其设为以列车运行速度为速度的一帧一动的动画。

色彩能表现温度感，当人的眼睛看见红色、黄色时会联想到火焰、太阳，相应地产生温暖的感觉；相反，当人看见青色、蓝色时则易联想到海水、月光并相应地产生冰凉的感觉。这种客观经验基础上建立起来的色彩效应即色温（图 3-2）。在公共艺术中正确地运用色温，可以创造和改变特定气氛和环境。如亚历山大·考尔德的《火烈鸟》置身于玻璃钢筋、混凝土的冷色调环境里，它自身高明度饱和度的红色像一个太阳将以其为中心的灰色的写字楼一一照亮，放弃理性的单调，为写字楼里工作的人带来些许的暖意，空间气氛也由压抑、沉闷走向活泼、生动，这便是公共艺术的色温的力量。（图 3-3）

图 3-2　北京西站公共雕塑

图 3-3　亚历山大·考尔德的《火烈鸟》

色彩还具有表现重量感和距离感的作用，与色彩的距离感相关的是色相，红、橙、黄等暖色易产生前进的感觉，青、紫则易产生后退的感觉。如克里斯托弗夫妇的《飞篱》、《山谷垂幕》以及摆放在纽约中央公园的《门》系列大地景观艺术品（图 3-4，图 3-5），无不产生着向前奔驰的动感。社区公共艺术特别是互动公共艺术，暖色更易产生接纳感，冷色则不然。如北京奥运会标志运用了"中国红"这种能表达中国人民热情好客的色彩，奥登伯格的作品《红色垃圾桶》以超出常态的尺度和色彩震撼着观看者的心灵。（图 3-6，图 3-7）

图3-4 克里斯托弗夫妇放置在纽约中央公园的纤维材料的《门》，为冬日带来一抹阳光

图3-6 北京奥运会标志

图3-5 克里斯托弗夫妇《山谷垂幕》

图3-7 《红色垃圾桶》，奥登伯格作品

（2）色彩心理效应的运用

在艺术和心理学中，我们几乎敬畏光与色的感觉，学者海桑（Alhazen）指出："可见之物，没有仅凭视觉就能理解的，只有光和色例外"。色彩的心理效应主要表现在两个方面：色彩的悦目性和色彩的情感。色彩的悦目性，即色彩本身的调和关系引起的人视觉上的愉悦。而在公共艺术领域，我们研究的更多的则是色彩的情感，即色彩的象征意义。法国视觉美学家德卢西奥·迈耶说："自有人类以来，象征意义就是与大多数主要色彩联系在一起的。"黑色在大多数西方社会中象征哀悼，而在某些非洲和东方文明中黑色却代表欢乐，哀悼的色彩则是白色。这表明，色彩的象征主义是依存于传统和联想中。色彩能使人产生与之相对应的情感，这些情感既有正面的也有负面的。如红色既能表达热情、奔放、激情等情绪又暗示着血光之灾。这些情绪因民族文化而异，白色在西方代表纯洁的爱情，在东方则是丧葬之色。除去这些个性，色彩表达的情绪也有其共性。例如绿色较灰色饱和度更加高，色彩明度也相对高，色相也偏鲜艳的颜色，变化也较多。

　　色彩的象征意义除了不同的色相表达不同的情绪外，城市也拥有其自身的色彩，一个民族也可能拥有自己的民族色彩，如在我国"中国红"处处可见（图 3-8）。在我国少数民族地区，如新疆的维吾尔族、哈萨克族等信仰伊斯兰教的民族崇尚绿色、蓝色、白色等色彩；而内蒙古的蒙古族则倾向于白色、红色、金黄色等色彩，如白色的哈达，黄色白色相间的敖包。汉族人甚喜红色，国际上则把这样饱和度很高的红色称为"中国红"。这说明了一个城市或一个民族甚至一个国家都是有色彩的。又如城市色彩的研究，我们往往是从墙面、地面、街道及屋顶三个因素入手，由于植物的色彩我们通常认为是没有问题的色彩，因此不会拿出来单独做研究。江南的城市由于建筑多粉墙黛瓦，较北方城市的红墙赤瓦，色相偏冷，饱和度也没有那么高，这大概跟北方漫长的冬季色彩单调需有色彩调节有关。

图 3-8　被称作"中国红"的色彩不仅是城市建筑色彩，也是中华民族的象征色彩之一

　　城市公共艺术的色彩在世界各地也颇为不同，北欧公共艺术多青铜制，如瑞典斯德哥尔摩近郊的"米勒斯花园"（Milles Garden）（图 3-9）展示的卡尔·米勒斯（Carl Milles）作品《人与马》《掌上人》《五月人》等均以青铜色见长。西班牙公共艺术中除却常见材料，还独辟山门喜以色彩艳丽的碎瓷片拼贴公共艺术品，比如让人一看便知是安东尼·高迪设计的古埃尔·居里公园（图 3-10）；而日本公共艺术则多石、木。西方国家的公共艺术色彩各有自己的特色，但也存在共同性，即高纯度色彩具有标识作用，如考尔德设计的《火烈鸟》、拉维莱特公园景观建筑，放置在那里便能成为视觉重点；而中国的有些公共艺术则故意在林间影影绰绰地藏着，当移步到此处发现艺术之美时，那种别有洞天、柳暗花明又一村的喜悦为中国景观师和大众所推崇，故在中国也有披着伪装的城市公共艺术。中国公共艺术的色彩到今天开始朝着越来越复杂的方向发展，吸取了更多的精华，也拿来了不少西方的糟粕，自己的东西留下的成为伪古董的多于真正传承的。我们还有鲜明的民族色彩，城市家具多朱色和墨色，原因在于中国古代家具大量使用漆器和木器，表面的生漆只有红、黑两色，而今材料科学的进步也推动着可外置的艺术品的色彩更加丰富。20 世纪 80 年代中国城市化进程开始，也拉开了中国的公共艺术的序幕，当外来文化洪水猛兽般汹涌而来时，中国原始的石雕木刻所采用的自然色为主的色彩潮流慢慢消退，取而代之的是以不锈钢为代表的高反光、中性色彩，而后又跟风波普、后现代风格由单彩走向多彩，如大连高新科技园地标雕塑、青岛城标雕塑《五月的风》、北京奥运会标志雕塑等均是此类代表。（图 3-11、图 3-12）

图 3-9　斯德哥尔摩近郊的"米勒斯花园"（Milles Garden）

图 3-10　安东尼·高迪设计的居里公园的彩色碎瓷拼花是公园独一无二的创新

图 3-11　大连高新科技园地标雕塑

图 3-12　奥运场馆外放置的奥运吉祥物"福娃"的色彩正是来自于奥运五环的色彩，具有象征意义

　　公共艺术的色彩分为自然色彩和装饰色彩。自然色彩主要是通过材质自身的色彩进行表现，例如大理石的材质白色、光滑、细腻，形成纯净的感觉。木材是自然的颜色，给人朴实无华的感觉。装饰性色彩主要是指创作者根据主观意识人为地对艺术品表面进行色彩处理。公共艺术中很多装置就用了鲜艳的色彩，如河北迁安生态廊道上的红折纸，运用红色钢板的折纸造型，凸显剪纸之乡的地域文化。(图3-13)

图 3-13　河北迁安《红折纸》

3.2 表现手法

3.2.1 雕塑

雕塑属于三维表现，主要分为浮雕和圆雕。根据功能可分为主题性雕塑、纪念性雕塑、标识性雕塑和公共景观雕塑。圆雕是不依附于任何背景之上的三维立体雕塑。圆雕在公共空间中应用广泛，如法国雕塑家罗丹的《思想者》（图 3-14）。浮雕是指在平面上雕出的凸起形态，根据表面凸起的高度不同，又可分为高浮雕与浅浮雕。（图 3-15）

图 3-14　《思想者》雕塑　　　　　　　　　　　图 3-15　《五四运动》浮雕

3.2.2 壁画

壁画与绘画的区别在于，其应与周围建筑环境高度融合。壁画具有营造精神空间的作用，壁画创作是通过装饰对建筑空间进行再创造，使建筑空间具有艺术内涵。（图 3-16、图 3-17）

图 3-16　埃及金字塔壁画　　　　　　　　　　　图 3-17　敦煌壁画

3.3　应用材料

3.3.1　金属材料

　　金属材料具有现代气息，所以也是公共艺术应用最为广泛的一种材料，形态上给人以一种强烈的冲击感（图3-18，图3-19）。如美国雕塑家亚历山大·考尔德设计的动态雕塑，通过空气流动或者观赏者的摆弄，每动一下会展现出不同的动态。（图3-20）

如图3-18　不锈钢雕塑《和平鸽》

图3-19　动态金属雕塑

图3-20　考尔德雕塑作品

3.3.2 陶瓷

陶艺是火与土的艺术，我国源远流长的陶瓷制作历史使得陶瓷作为一种既传统又现代的立体造型材料出现在公共艺术中。陶瓷包含两类，即日用陶瓷和艺术陶瓷。日用陶瓷的制作往往依赖于科技的机械手段，而艺术陶瓷的制作则更强调手工制作。（图3-21）

图 3-21 传统青花瓷罐

艺术陶瓷的成型工艺包含很多技术性的过程，比如原料的筛选、陈腐、除铁，成型工艺有：捏塑、堆塑、泥条盘筑、泥板成型、拉坯、注浆成型等；装饰过程有：刻花、画花、剔花、镂花等，还可以使用色坯、化妆土达到效果。成型后施釉可选择釉下彩、釉上彩等绘制，也可以镶嵌贵重金属。烧制过程可以选择素烧、釉烧，还可以选择氧化烧或还原烧。（图3-22）

图 3-22 陶瓷雕塑

陶瓷烧成之后色泽古朴、自然，是许多艺术家喜爱的创作材料。可放置于室内外，放于室外要考虑其耐久性，与其他材料相比耐用、防火、防水、防腐蚀、易清洗。要注意应采用釉下彩及颜色釉的方法，这样比较耐磨。大型的室外陶瓷公共艺术，体量一般较大，应考虑其结构坚固性，一般用钢筋混凝土做骨架，外面赋予陶瓷或采用拼接的方式贴于表面。

3.3.3 现代陶艺

主要是以陶土和瓷土为主要材料，在艺术造型、用釉、烧制等工艺上大胆创新。现代陶艺依托于公共空间和城市外部环境。(图3-23)

图 3-23 杨奇《城市纽扣》陶艺公共艺术

3.3.4 纤维材料

纤维材料除了传统意义上的布艺、丝绸外，还包含很多非自然的前卫材料如树脂、羽毛、玻璃纤维、铝条等。纤维材料色彩多样，使公共空间色彩更加丰富，赋予建筑人格化。以柔软的材质与手工编织的韵味构成浓郁的艺术气息，与建筑环境高度融合。日本艺术家吉水衣子的《春风》，用亚麻布和丝绸织作而成，纤维肌理给观众带来了较强的视觉冲击力（图3-24）。由土人景观及建筑整划设计研究院设计的秦皇岛汤河公园中的"红飘带"采

图 3-24 《春风》

用玻璃纤维制成，沿着河岸宛如一条红色飘带，成为可供休憩、照明、植物栽植的多功能装置。（图 3-25）

图 3-25　秦皇岛汤河公园"红飘带"

3.3.5　玻璃

玻璃材质虽然已不是新鲜事物，但它在艺术中的表现却是可圈可点的，尤其是在当下与光艺术相结合，制造出无与伦比的艺术效果。玻璃的制作工艺有最古老的吹制法、失蜡法和玻璃冷加工等方法。

方法不同最后得到的作品也是不同的，吹制技术能体现鲜明的个性，但很大程度上依靠偶然性，局限性也相当明显。失蜡法是用黏土成型，外覆橡胶软膜，在外膜中注入蜡，待凝固取出，再在蜡上浇抗热材料制作模具，后在模具中按意图放入色彩大小不一的碎玻璃，烧后敲去外膜的过程。但这种技法在燃烧、冷却阶段易断裂而难以驾驭。冷加工技术则较为成熟，包括描绘、雕刻。现代玻璃制作技术的挖掘、高科技的运用，使得冷加工技术被广泛采用。（图 3-26）

图 3-26　彩色玻璃房

3.3.6　木材

木质有硬木和软木之分。能用于木刻的木材非常多，有樟木、银杏木、楸木、椴木、榉木、檀木、花梨木、紫檀木、水曲柳、黄杨木、龙眼木、红豆杉等，在运用的时候，要从预期的艺术效果出发，根据材料的质地、纹理和色彩加以选择。选择带有芳香的檀木表现禅意，圆雕多用不易开裂的黄杨木、花梨木、龙眼木。楠木、香樟、银杏等纹理清晰，可用来雕刻挂屏、屏风等平面图案。红豆杉、水杉易开裂，最好作为块材使用。木材其实是自身容易有缺陷的材料，弯曲、节疤、裂纹、变形、不耐腐等问题可能成为制作过程中的败笔。针对以上缺陷，在制作之初选材料，就应避免节疤太多或把重要图案布置在节疤处，合理地干燥木材可防止断裂、开裂，也可采用带胶水嵌入等方法处理开裂，表面涂漆防腐。（图 3-27）

图 3-27 木质廊架

　　木材的加工主要是将材料多余的部分按预期设计去除，在这一过程中，把握好木材的纹理和雕凿的刀法尤为重要。对纹理的处理直接关系作品最后的艺术效果；而刀法如同绘画中的笔触，转折、顿挫、凹凸、起伏都能使作品效果更佳。

3.3.7　石材

　　石雕艺术是人类史上最早的艺术表达方式之一，是先民智慧的凝结。如图拉真纪功杯、蒙古草原石人等，而今在广场、公园、社区中石雕仍是重要的文化传播媒介。石材自身的纹样、肌理以及防冻耐腐、易于雕凿的特点，是石材仍活跃在艺术舞台的原因。石材是天然材料，有火成岩、沉积岩和变质岩三种，在公共艺术创作中常用的石材是大理石、花岗岩和各种彩石。（图 3-28）

　　石材的制作工艺主要包括选料、开料和雕凿三个过程。选料主要是选择石材的颜色及质地疏密是否有杂质裂纹。选料的好坏往往直接决定作品的成败，所以当米开朗基罗要雕凿《大卫》时才不远万里地将没有裂纹的整块石材运进城。选料主要靠眼观和耳听，用眼睛看块材的质地、花纹和杂质，用耳朵听铁锤敲打石料，声音清脆表明石质优良，声音喑哑，则恐有裂痕和孔洞。

图 3-28　石雕作品

　　开料是将整块石料分割成所需的尺寸规格。一种方法是用风枪、电钻等在石料上开密集的孔眼，然后在孔眼里灌入膨胀水泥，利用膨胀水泥的张力分割石材；另一种方式是用大型电锯切割。

　　雕凿是利用风镐、钢錾对开完的石料进一步刻画，打掉石料多余的部分，使其表现作者的创作初衷，并在完成后进行打磨抛光。

3.4　公共艺术与环境

　　公共艺术是一种空间文化，是体现一个城市文化内涵的显著标志，直接体现城市民众的生活品质和精神风貌。公共艺术在城市中的作用就是通过其独特造型、符号语言、艺术感染力、空间控制力向环境中渗透，使人们获得对某一空间的认知，激发人们的艺术情感，体现公共精神。它是特别针对景观而创作的并与景观的背景和环境发生密切关系的公共艺术作品。

公共艺术是一种空间文化，为实现城市化过程中的空间多功能起到了积极的作用。公共艺术营造公共场所、公共空间并产生由此衍生的文化。这种文化的核心便是市民文化，注重在公共空间中的共享与交流。公共艺术让艺术从高高的基座上走下来，走到市民中间，平视大众与城市市民平等对话，调动普通人在城市生活中的主动性。

公共艺术在诞生之初即被贴上"社会"的标签，人们将公共艺术作为当代城市普遍"贫血"的病症下，城市的自我救赎的一剂良方，虽然言过其实，但是它的确是维系社会运作的有效方式。原因在与公共艺术虽然有教化功能，但其不仅仅是教化的工具，而是一种独特的存在于经济文化和城市大发展的前提下的文化形式。从一定意义上说，在一座城市中有没有具有创造性的公共艺术作品和公众能参与的艺术探讨与批评的存在，有没有适量比例的供人们进行文化及审美交流及娱乐休闲的公共场所，已经成为一座城市的品质之优劣的显著标志，这也正是公共艺术与环境之间关系的最好诠释。它们往往直接或者间接地体现着城市民众的生活方式、生活品质和社会群体的精神状态。（图 3-29）

图 3-29　靳埭强设计奖 2014 获奖作品（学生组）
《发光的梦想 》

3.4.1　居住区公共艺术

居住区是城市的重要组成部分，是城市人群生活起居的主要场所，城市的文化理念和建造方式直接影响着人们的生活行为模式。对开发商来说，公共艺术不但是市场和营销的需要，更是城市文化的需要，也是对城市文明建设的一种承担。对广大居住人群而言，居住区的公共艺术建设关系到每一个居民的切身利益，是良好生活质量的体现，同时优良的小区环境也是城市文明的标志之一。（图 3-30）

图 3-30　住宅区花坛艺术

公共艺术的功能本质是装饰美化环境，其审美功能是核心，包括美化、装饰、教育、宣传、感染、寓意等，都属于审美范畴，也是公共艺术的主要功能，其主要目的是发挥审美意义，寓教于美。（图3-31）

目前，我国正处于居住环境中改造的建设阶段，随着大规模、大范围的小区建设，公共艺术必将扮演着居住环境中的重要角色，将越来越受到社会的普遍关注。

图 3-31

3.4.2 城市广场公共艺术

拿破仑曾说过，广场是城市的客厅。城市广场是城市的有机组成，它代表了一个城市的面貌和特点，是城市向外展示的名片。从广义的公共艺术概念来讲，城市公共艺术一般包括城市广场、街道、公园、水体、园林、景观、建筑立面装饰、雕塑、壁画、光艺术、地景艺术、广告艺术、公共设施等范畴。（图3-32、图3-33）

图 3-22

图 3-33

我们将公共艺术的文化理念界定为服务于社会公民的精神文化、民主参与以及利益共享的需要，将作品的设计理念归结为服从社会公共福利需求的指引，服务于"以人为本"的物质文化及审美文化创造的需求，并且集艺术的公共性、实践性、感知性和审美性于一体。

对于城市公共艺术而言，其公共开放性是区别于其他艺术门类的根本。现代的公共艺术已经走向了更为宽广的范围。首先它属于公共领域，是一个更为开放和自由的空间，甚至整个大地都可以成为其展示的范围。另外一方面，更体现为艺术家、景观规划师和城市建筑师的融合。这一特性决定了城市公共艺术所记述和表达的情感是公众所共有的，这与城市记忆的公共性相重合。所以城市公共艺术的公共开放性就保证了城市记忆的传承是在整个社会中的继承与弘扬。（图3-34、图3-35）

图 3-34　街道公共艺术

图 3-35　北京地铁六号线东大桥站壁画

不同的城市拥有着不同的记忆，不同的记忆导致传承途径必须具备形式的多元性。城市公共艺术是连接人与环境的纽带，并兼备美化环境的艺术性与使用功能的实用性；它还承载着人们从私密空间走向开放空间的心理需求，是城市环境景观的集中展示。

3.4.3　城市公园公共艺术

公共艺术引进中国不过几十年，城市公园的发展历史却已经经历了近百年时间。无论是欧美发达国家，还是亚洲国家，公园公共艺术都可以被看成具有一定意义的历史缩影。（图 3-36）

图 3-36　《虎门销烟》雕塑

城市公园艺术的涉及范围较广，分类角度也有许多不同。从其展示形式上可分为平面到立体；按其艺术手法可以分为具象性、抽象性、直观性、含蓄性等类型；从公共艺术的功能上进行分类包括了纪念性公共艺术、主题性公共艺术、装点性公共艺术、标志性公共艺术等。以最简单的方式从公共艺术的性质来看，城市公园公共艺术大致可分为两种：一是功能型为主导的公共艺术作品，另一个是以艺术性为主导的公共艺术作品。（图 3-37、图 3-38）

图 3-37 城市街道公共设施　　　　　　　　　　　　图 3-38 拉维莱特公园公共艺术

公园公共艺术是一个城市的精神象征，在积极的意义上表达了当地的身份特征与文化价值观。它不仅仅只体现着市民对自己城市的认同感和自豪感，还应满足人们休息、坐靠、停留、观察、照明等的功能需要。物质是精神的基础，公共艺术之所以存在也是因为它本身具有服务于大众的实用性。

3.4.4　城市商业区公共艺术

城市商业区是一个城市公共空间中最重要且最具人情味、最能体现城市文化的重要空间，也是人们进行商品交换和商品流通的公共环境。城市公共艺术与商业空间的融合，一方面打破了传统的公共艺术设置模式，让艺术品走出限定空间的束缚，步入城市的街道空间中；另一方面通过将富有文化品位与生活气息的作品设置在道路两旁或转角，在丰富城市景观的同时，也能增添街道的活动内容与气氛。商业步行街主要分为两类：一是以自然环境为主要特色的步行街，在风景区或城市园林绿地中比较常见，又称林荫路；二是集商业、休息、娱乐等功能于一体的综合性步行街道。（图 3-39）

图 3-39 北京金融街公共艺术雕塑

练习思考题

用三款不同材料为校园设计三款公共艺术作品，要求绘制出三视图及效果图。

第4章　公共艺术与科技

公共艺术创作中把动态造型和科技结合起来，运用声光电技术、多媒体技术，使公共艺术更具趣味性、互动性和艺术性。

4.1　水景造型

水景是公共艺术中最具吸引力的一种，以其活泼、柔和的特性受到人们的喜爱。水景可塑性强，可单独成一处公共艺术，也可与建筑、雕塑、绿化结合，创造出独具风格的作品。现代城市水景往往结合多媒体和数码技术，更具动态性。属于水景雕塑的数控雾化喷泉艺术是数字时代的新生事物，它是一种用计算机编程技术雾化水分子的数字公共艺术，常见于广场、社区和校园等公共环境中。《皇冠喷泉》是由西班牙艺术家普来策设计的由喷泉和影像幕墙组成的构筑体，喷泉高50英尺，水池长252英尺，两个大型影像屏幕每小时变换6张从1000个普通芝加哥民市那里搜集来的面目特写画面，这种互动的媒体艺术将城市生活常态的一面以艺术的形式展现，将普通的细节放大，与观者产生强大的共鸣，同时，这个作品也极好地体现了公共艺术的参与性（图4-1）。美国哈佛大学数字雾化喷泉雕塑，雾化的水汽从内往外扩张，拉近了人与自然的关系，雾化效果结合周围的植物、石景形成具有"诗意"的景观效果。（图4-2）

图4-1　《皇冠喷泉》　　　　　　　　　图4-2　哈佛大学唐纳喷泉

4.2　灯光造型

现代城市的景观建设是城市形象重要的外层表现，公共艺术的作用尤为突出，能够凸显城市个性、提升城市形象。灯光设计是城市景观公共设计中的重要组成部分，高度艺术化的灯光设计是现代化设计中灯光运用的必然趋势，是体现城市形象、经济发展的内涵要求，也是人们文化素养和审美心理越来越高的具体表现，有利于居民在夜晚城市景观灯光中相互影响，形成人们心理上的归属感与认同感。

美国艺术家 Barbara Grygutis 曾受美国各地及其他地区委托，总共建立了 75 件大型公共艺术作品，她的大型雕塑与灯光设计完美地结合在一起，融入雕塑花园：公共广场、关口等城市和自然景观雕塑的环境中，有些则矗立在繁忙的城市轨道交通线上，她标志性的独立雕塑作品提升了建筑与环境的接轨，也增加了人们与艺术之间的互动。她的作品可谓遍布各地，包括长岛市苏格拉底雕塑公园，纽约布朗克斯博物馆，甚至白宫和众议院等，她获得的奖项和荣誉也很多。（图 4-3、图 4-4）

图 4-3　美国艺术家 Barbara Grygutis 作品

图 4-4　美国艺术家 Barbara Grygutis 作品

4.3　动态造型

动态性环境设计不同于常规设计，强调人们用五官去感受场景所带给人的声、色、视等感受互动。在设计时注重情感互动和动态互动，强调地域特色，并运用多维元素进行设计。光在动态造型中的运用与色彩和线条有关。动态造型的光可分为顺光、逆光。顺光的特点是反差小，而逆光使景物处于阴影中，体现景物强烈的空间感。它的色调是通过空气透视，形成色调透视，从而达到色彩所要的空间关系。动态造型的形态是通过质感、尺度、比例、色彩、光影的组合等艺术语言，来构成可行性的形象，因此城市公共艺术的动态造型关键在于把握其造型形象，体现出造型物的体量、位置和颜色。人们对于城市公共艺术的动感主要来自于视觉上的感受，如喷泉、瀑布就属于动态造型，具有垂直的线条感，水的立面沿着形体而下，从而形成动态感。（图4-5）

图4-5　国家"水立方"互动性公共艺术

　　新的艺术借鉴和新的学科交叉融合为公共艺术设计带来了新面貌，也为其提供了源源不断的动力支持。现代主义和后现代主义的形式表达为公共艺术披上一层新的外衣，环境艺术和装置技术还有新媒体技术为景观设计创造了更多地发挥空间。但是不论形式如何改变，设计方法如何更新，设计的重心依然是人在景观空间中的体验和感受。"交互"就成了新时代公共艺术设计的重要的新特征之一。

　　以美国波士顿公园Swing Time秋千为例，该秋千用透明塑料材料制成，内置控制器和传感器，会根据人们荡秋千时的幅度与高度而展现出不同的灯光颜色和丰富的灯光变化。（图4-6、图4-7）

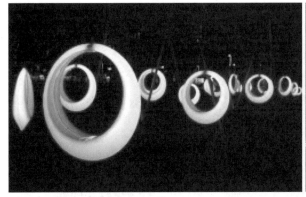 

图4-6　Swing Time秋千　　　　　　　　图4-7　Swing Time秋千

练习思考题

　　思考现代科技对公共艺术的影响。

5.1　公共艺术创作的流程

公共艺术的创作包括实地考察、民意测试、方案表现和后期制作。整个方案的制订还包括草图构思阶段、方案初定阶段、最终确定和展示阶段。

公共艺术属于城市建设项目，一般从起草项目建议书和立项报告开始，过程如下所述：

项目建议书：描述对拟建项目的初步设定，列入项目的内容、选址、规模、必要性、可行性等。

项目的可行性报告：由投资方委托相关部门对项目的意义、建设条件、投资规模、技术可行性进行调查、预测、分析，并提出投资决策的报告。

项目建设立项：确定可行性报告，投资方或者业主单位将项目申报国家计划部门或规划部门，前者根据国家政策做出立项批准，后者根据总体规划对项目的规划给予批复。

项目策划：借助行业规范和经验，以实态调查为基础，对项目创作依据进行论证，最后制定创作设计任务书。

方案创作：根据创作设计任务书的要求和可行性工程技术条件进行方案创作设计、结构专业设计、工程概算设计。

建设施工：根据创作方案设计图纸，进行工程建设招投标、施工、监理、竣工验收等工作。但由于公共艺术的特殊性，不能完全等同于一般的城市建设项目，因此，为了保证工程的艺术性，直接委托艺术家和创作单位的案例也很多。

在整个公共艺术项目的建设程序中，方案的制订一般经过以下四个阶段：

环境分析：在设计要求明确的前提下，综合考虑作品的创作方向和意义、空间、造型、环境、地域文化习俗、材料等问题，为创作进行提前准备。（图5-1至图5-4）

图5-1　由华裔设计师林樱设计的《越战阵亡将士纪念碑》为来此吊唁的民众提供与亲人穿越时空对话的场所

图5-2　联合国总部前的反战象征雕塑

图 5-3　新泽西户外公共艺术　　　图 5-4　抽象公共艺术品

立意创作：在环境分析的基础上进行艺术创作。这一阶段既要对造型的审美价值作出判断，又要考量地方文化内涵，通过深入推敲、研究、分析和综合，达到创作方案的完善，并初步考虑其结构布置和工程概算。

图面表达：在确立创作方案后，为满足后期施工要求而提供方案、结构、尺寸、色彩、造型（涉及声、光、雾、水、动态等的造型）、设备、专业的全套图纸，并编制工程说明、结构决算书及预算书。

展示说明：对环境分析、立意创作、图纸表达三阶段的整理和总结，是艺术家向社会展示其创作思路和成果的方式，集中表现在所创作的初步文本、展板及模型中，一些特殊和比较复杂的项目，艺术家通常也会选择多媒体的形式来阐述其方案的创作过程。

每个阶段都是对前一个阶段工作的总结和深化，方案的好坏直接影响到成品的优劣，其重要性使得艺术家在方案确定前往往需要经过多方案选择、比较及反复推敲、修改才能最后定案。

5.2　公共艺术创作的环境分析

5.2.1　任务分析

设计任务主要是以甲方设计任务书形式出现的。在设计之初，首先要仔细阅读设计任务书，明确设计双方的责权，以及对于方案详细内容的规定，以及项目进行时间的安排等，施工方有必要在工程开始前按照甲方任务书安排工程进度表。

不同类型的公共艺术有着各自不同的特点，根据项目任务设定之初的任务，是仅仅供人们所观赏还是邀请公众的参与；是以放置在公共空间中引起人们的心理共鸣为目标，还是有儿童娱乐、市民休息的作用。例如体现纪念意义的公共艺术作品需要给人庄重、肃穆和崇高的感受，唯此才足以寄托人们对纪念对象的崇敬之情。而社区公共艺术，需要体现的是亲切、活泼的性格特点，因为在一个群体活动环境中需要照顾到各个年龄层的人的基本要求。

公共艺术最大的特点之一，就是公共性。公共性使得公共艺术在合适的条件下为大多数人服务，不同的人有不同的审美观念、不同的欣赏水平，为实现公共艺术的公共性，为谁服务，有什么样的需求，使用者的年龄、职业、地域文化等特征都是在设计前期需要调研、分析的，以指导方案的制订。（图5-5、图5-6）

图 5-5　波兰设计师 Izabela Boloz 设计的"户外家具"　　图 5-6　西班牙城市涂鸦

5.2.2　地理分析

有鲜明公共属性的空间是设计的客观依据，通过对公共环境条件的调查分析，可以很好地把握该空间物理环境对公共艺术设计的制约影响，分清哪些条件因素是应该充分利用的，哪些因素条件是通过改造可以利用的。（图5-7）

图 5-7　西班牙巴塞罗那北站公园，贝费力·佩伯

公共艺术品若放置在室内，需要分析室内的采光、通风及安全因素，分析室内空间形态是开敞的、封闭的还是半开敞的？公共艺术的设置为多少人所共享？需要多大的空间？在设计中要根据创作地点的自然环境和条件做修正。我们对公共艺术的环境条件分析要从空间条件、物理环境、心理环境及人文因素等几个方面进行。（图5-8、图5-9）

图 5-8　Tony Rosenthal 公共艺术雕塑　　　　图 5-9　Bryan Tedrick 的雕塑与自然环境高度融合

5.2.3　形态分析

（1）点

点在造型中的整体与局部关系中起着特殊的作用，运用得巧妙、得当，可起到画龙点睛的作用，产生强烈的视觉冲击力和艺术感染力，相反运用不当，则会对整体产生极大的破坏作用和负面效应。以点的形式出现的公共艺术作品在环境中往往能以其独特的造型折射出艺术的非比寻常的光辉。

几何学上的点是无形态的。但是在公共艺术的二维空间和三维空间造型表现中，点具有空间位置并需按一定的尺度来界定。与它所处的环境空间、面积形状和其他造型要素比较时产生对比，具有视觉场和触觉场的作用都称之为点。

点的聚集会产生视觉引力，而点的量变会产生不同的视觉引力，一个点所具有的紧张性是求心的。当只有一个点时，人们的视线就会集中到"点"上（图 5-10）；当有两个相同的点时，人们的视线在两点之间移动，且产生线的感觉；当有两个大小不同的点时，人们的视线首先集中到大点上，然后转移到小点上。（图 5-11）

图 5-11　克里斯托弗夫妇大地艺术作品《伞》

图 5-10　成为现代建筑空间焦点的野口勇的雕塑《红色立方体》

　　点的排列和距离的不同，使点在视觉上产生线面形态的变化。造型上点的线化主要由距离和方向所决定，如果将相同的点连接可构成虚线，其距离越近，线的感觉越强。将点作等距离的排列，显得规范工整有秩序，美中不足的是略显机械和呆板，如果有计划、有规律地作间距处理，可以产生节奏感，如果改变点的方向，并有计划地进行大小变化排列，则可表现出跳跃性的韵律，也可表现出曲线的流畅感。点的面化是由点的聚集产生立体感、层次感，并给面带来凹凸的感觉。点的面化运用得巧妙，可产生三次元的感觉。

　　（2）线

　　线是点移动的轨迹，它的特征是以长度来表现，与其他的造型元素相比较具有连续的性质，粗细与长度有着极端的比例也能成为线。沙里宁创作的美国圣路易斯西部大拱门，曲线的造型如同一道巨大的彩虹跨越城市的上空，表现了圣路易斯作为最早的进入美国的外来移民必经的"门"具有纪念的意义，巨大的曲线造型将这种意义放大，使作品具有最大的心理张力以贴合当地人的情感，不锈钢的材质又使曲线散发出时代的魅力。（图 5-12）

图 5-12　伊洛·沙里宁 美国圣路易西部大拱门

　　直线包括水平线、斜线、垂直线等形式。水平线具有安定、平衡、开阔的感觉，并产生平静、安静、抑制的心理感受。垂直线有坚实、稳定、向上的感觉、充满积极进取的精神和意义，象征对未来的理想和希望（图 5-13）。斜线是直线形态中动感最强烈的、最有活力的线型，充满运动感和速度感。斜线也最易使人产生不安定感。斜线可产生巨大的拉力，营造心理上的延展感。

　　折线是按几何角度转折的线，每一段都是直线，这点则具有点的性质，同时又连接着两条线段。折线具有刚劲、跃动的感觉，可增强视觉的引力。

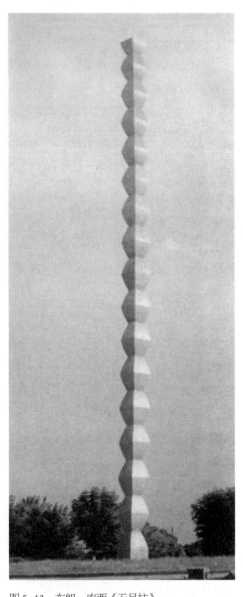

图 5-13　布朗·库西《无尽柱》

　　曲线是柔韧而有转折的线，它与折线的区别在于转折平滑。曲线包括几何曲线和自由曲线，几何曲线有较好的秩序感，而自由曲线则在表达自由、活泼的主题上有无可取代的作用。曲线优美、流动感强、充满运动感、和空间延伸的感觉。自由曲线运用不当也易产生杂乱无章、躁动的感觉。（图 5-14）

图 5-14　西蒙·佩里《缝合之地》局部

　　（3）面

　　几何学上将面定义为线的移动轨迹。面有几何形态和非几何形态两大类。不同形态的面有不同的性格特征，不同性格特征有不同的表达形态，不同的形态又带来不同的感受。平面能给人以空旷、延伸、平和的感受，曲面则显示流动、引导、暗示、自由、骚动、活泼的感受。

　　几何形态的面是规则的正方形、三角形、圆形等，是直线和几何形曲线的延展。几何形给人理性、明确的感觉，产生简洁、抽象、秩序之美，但容易产生呆板的感觉。非几何形是不规则的，是由自由曲线结合直线构成的自由形，实际上也是自由曲线组合各种变相的正方形、三角形、圆形。非几何形虽然活泼、生动、富有感情，但容易产生杂乱，颓废的感觉。（图 5-15）

图 5-15　克里斯托弗夫妇《包裹岛屿》

　　（4）体

　　体在几何学上被定义为"面的移动轨迹"。公共艺术设计所讲的体，在无形中占有实质空间，具有体积、容量、重量的特征，正量感表示实体，负量感表示虚体。无论从哪个角度感知作品的客体性，都能给人以强烈的空间感。

　　体有多种形式，如正方体、柱体（图 5-16、图 5-17）、锥体、球体（图 5-18）以及由这些体相互构成的形体。值得一提的是半立体的形式在浮雕和纤维艺术中的出色表现，尤其是我国民间艺术善用透雕，利用层次感、凹凸感、肌理感造成的起伏错落之感，并充分利用光影关系，形成阴阳虚实的感觉。2008 年北京奥运会主体育馆"鸟巢"的中标就充分地利用了中国人对透雕这种工艺效果的喜爱。

图 5-16 利伯曼位于克拉克大厦前的抽象雕塑 　　图 5-17 "小怪兽"通风管道

　　艺术的形体往往来源于自然形体这个巨大的创作素材库，大自然留下了无数的让人叹为观止的自然形态，自然界的生物、地理形态甚至内部有序的组织排列都具有天然的艺术性和装饰性，特别是在强调生态的今天，在公共艺术设计中运用自然形态，不仅仅是对自然形态的重演，也是向自然致敬，并引发最广大的人群对供养我们的环境空间的可持续发展进行反思。

图 5-18 阿纳尔多《天空的天空》

5.2.4　空间分析

1933 年的《雅典宪章》提出城市有四大功能，而这四大功能又出现四种空间：居住、工作、游憩和交通是城市的四大基本活动，并提出功能分区。它依据城市活动对城市土地使用进行划分，突破了过去单纯追求图面效果和空间气氛的局限，使规划更加科学。功能分区及分区间的机械联系从对城市整体的分析入手，对城市活动进行分解，在揭示问题的基础上提出改进建议，将各个部分结合在一起复原成为一个完整的城市。城市规划的基本任务是制订规划方案，建立各功能分区在终极状态下的平衡状态，将城市看成一种产品的创造，空间规划成为城市建设的蓝图。（图 5-19）

在公共艺术设计时要考虑居住、工作、游憩和交通空间的关系，结合当地的实际情况综合考虑。居住和游憩空间要充分注意空间的开敞和通透，创造动静结合的多功能空间。而工作空间要求调试工作中的不良状态，空间的对比，开敞空间和私密空间的分隔与协调等。交通空间中的公共艺术设置要注意空间的可达性和空间的流动感。（图 5-20、图 5-21）

图 5-19　奥登伯格将晾衣夹放大创作的公共艺术，有活跃环境气氛的作用

图 5-20　我国某城市入口公共雕塑

图 5-21　《大拇指》

5.2.5　内涵分析

公共环境的客观构成不仅仅是具体的城市空间的尺度概念，还包括生活在城市空间中人的心理尺度。对某一地区的人文因素和心理环境的分析是公共艺术特殊性的表现，也是艺术性的体现，使得某一空间有了文化的属性。

城市性质、规模：是政治、文化、金融、商业、旅游、交通、工业还是科技城市；是特大、大型、中型还是小型城市。

地方风貌特色：文化风格、历史人文特点、民族或社区文化历史特征。（图 5-22）

图 5-22 《包裹德国国会大厦》克里斯托弗夫妇

5.2.6 公共艺术的创意思维

创意能够引起物质世界的变动，首先是由于创意的"新"：新观念、新方法、新事物。我们每个人都具有思维的"超越性"，但又有差别，人的思维受到许多制约，比如客观环境、教育背景、生理状态等方面。思维训练是有计划、有目的、有系统的训练活动。

针对所给信息而产生的问题，求该问题的尽量多的各式各样的可能解，这种思维过程称为发散思维。对创造性思维而言，运用发散思维，做出非习惯性联想，化无关为有关，然后再结合反向思维。例如设计休息设施，"什么东西不能坐"，回答：刷子、耳机、蜜蜂等。会有设计师将这些与座椅无关的事物联系在一起，设计出新颖的造型。运用这种方法，培养学生在寻求某一问题的不确定答案中，过渡到收敛思维。

课题训练和作业——公共艺术的造型要素

1. 课题内容

以线构成的形式创造一组大学校园图书馆前的公共艺术作品，要求遵循形式美的法则，包括平面图、立面图、效果图。

◆ 教学方式：老师先讲解线要素的特点，向学生展示线要素的公共艺术品，直线、曲线等形式的公共艺术的特点，引导学生如何以线为要素创作不同的公共艺术。

◆ 要点提示：（1）直线包括水平线、斜线、垂直线等形式。（2）斜线是直线形态中动感最强烈的、最有活力的线型，充满运动感和速度感。斜线也最易使人产生不安定感。斜线可产生巨大的拉力，营造心理的延展感。（3）折线具有刚劲、跃动的感觉，可增强视觉的引力。（4）曲线是柔韧而有转折的线，它与折线的区别在于转折平滑。曲线包括几何曲线和自由曲线。

◆ 教学要求：

（1）运用直线、斜线、曲线元素进行创造。

（2）公共艺术体现出校园文化。

（3）图纸包括平面图、立面图、效果图。

◆ 训练目的：要求学生能运用点线面等造型要素进行公共艺术创造。

2. 理论思考

◆ 以点的形式出现的公共艺术在环境中有何影响，请举例说明？

◆ 曲线形式的公共艺术的特点。

5.3 公共艺术创作的表现形式

方案的表达分为草图表现、模型表现、效果表现。其中草图表现的特点是迅速而简洁，并且可以进行深入的细部刻画；模型表现分为实物模型和计算机模型两种；效果表现不同于草图和模型表现，是设计成型前推敲的过程。

5.3.1 创作草图

草图可广义理解为创作者对表达物象的最初印象的概括，在实际创作中也分为设计草图与艺术草图。草图是作品构思的最初阶段，也是作品完成必经的重要环节。快速草图是艺术家表达思维方式与思想意境的一种基本方法。

受传统学院派影响，建筑草图讲究简单工具的技法与对建筑物象概括的准确性，这也是建筑草图表现区别于其他草图表现的基本特征。在体现建筑师的意象思维时，和其他表现方式相比，设计草图更显其表达优势。Frank Ghery 设计毕尔巴鄂的古根海姆博物馆时，在他的草图上绽放的花朵奠定了整个博物馆的设计思路；Jorn Utzon 当年草图上的几个"贝壳"的意象，打动了沙里宁，最终成就了悉尼歌剧院。（图 5-23、图 5-24）

图 5-23　悉尼歌剧院草图

图 5-24　古根海姆博物馆草图

5.3.2 创作方案

（1）设计立意

如果把设计比喻为作文的话，那么设计立意就相当于文章的主题思想，它作为我们方案设计的行动原则和境界追求，其重要性不言而喻。特定公共空间、特定公众团体需要什么样的艺术作品？办公空间出现什么样的公共艺术作品才能缓解工作的疲劳？城市中心广场需要什么样的艺术作品能创造人们的城市归属感？社区中需要什么样的艺术能营建和谐的邻里关系？所有这些问题都会归总到一个问题：用何种形象表达？因此，设计立意是把握形态的基础。（图5-25）

严格地讲，存在着基本和高级两个层次的设计立意。前者是以指导设计，满足最基本的功能和空间营造为目的，后者则在此基础上通过对设计对象深层意义的理解，谋求将设计推向设计者预设的更高的艺术境界。（图5-26）

评判一个设计立意是好是坏，不仅要看设计者认识把握问题的高度，还应该判别它的现实可行性。因为在施工过程中往往会出现，设计因技术等原因无法完成设计者本身的立意的情况，如伍重在设计悉尼歌剧院之时，风帆形的穹顶因为技术因素，竣工期一拖再拖，项目几近夭折（图5-27）。同时公共艺术的设计，不比建筑工程，艺术家在创造的时候也可能为了取得良好的艺术效果而忽略结构等技术因素，给施工带来困难，甚至使得设计本身的意味大打折扣。

图5-25　反常态的斜向上走的人群，和夸张的透视，以及人物的具象表达都需要详尽的方案作为前提

图5-26　北站公园实影图，用一大的景观雕塑表现抽象化的"绿与水"主题

图5-27　由于材料和施工工艺的进步，悉尼歌剧院才最终落成

（2）方案构思

如若公共艺术品是现成品，或者是购买已经实现的作品，本过程不适用，本环节适用于在既定设计条件下的设计方案构思。（图5-28）

方案构思是方案设计过程中至关重要的一个环节。如果说，设计立意侧重于观念层次的理性思维，并呈现为抽象语言，那么，方案构思则借助于形象思维的力量，在理性思想指导下，把第一阶段的分析研究的成果落实成为具体的形态，完成从物的需求到思想理念再到物体形象质的转变。

以形象思维为突出特征的方案构思依赖的是丰富多样的想象力和创造力，它所呈现的思维方式不是单一的和固定不变的，而是开放的、多样的和发散的，是不拘一格的，因而常常会得到出乎意料的效果，一个优秀的公共艺术作品给人带来的感染力和说服力甚至震撼力都始于此。

图 5-28　雕塑手绘表现图

当然，想象力与创造力不是与生俱来的，除了平时的学习训练外，充分的启发与适度的形象"刺激"是必不可少的，平常要多看有关书籍，并通过绘制草图和做模型来达到开阔思维、促进想象的目的。(图5-29、图5-30)

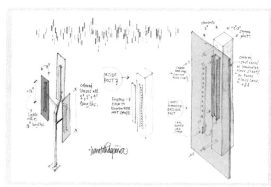 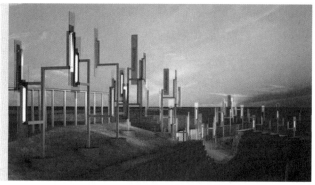

图 5-29　丹佛都会区公共装置艺术"色域"　　　　图 5-30　丹佛都会区公共装置艺术"色域"（Color Field）
　　　　（Color Field）创作草案　　　　　　　　　　　创作方案效果图

设计时具体的任务需求特点、结构形式、经济因素、公众心理、地方特色等均可以成为设计构思可行的切入口和突破口。同时，设计方案应该是从多个方面进行，方案草图经过几轮的修改才能最终成型，所以多个方案的比较也很有必要。

5.3.3　创作展示

（1）草图表现

草图表现是一种传统并且被实践证明行之有效的推敲表现方法。它的特点是操作迅速而简洁，并可以进行比较深入的细部刻画，尤其是对局部造型的推敲处理。 草图表现的不足在于它对徒手绘画技巧有较高的要求，从而决定了它有流于失真的可能，并且每次只能表现一个角度也在一定程度上制约了它的表现力。（图 5-31）

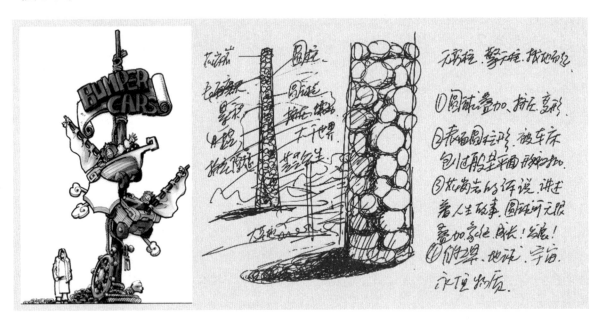

图 5-31 设计草图

（3）模型表现

模型表现包括实物模型和计算机模型两种，都是推敲性表现的过程。同草图一样，模型表现也是在设计过程中帮助方案不断地完善。实物模型是将公共艺术最后的形态通过等比缩小的方式以实物的形式呈现，可以真实、直观而具体地从三维空间全方位进行观察，对空间造型的内部整体关系以及外部环境关系的表现尤为突出。但是模型的缺点在于，由于模型大小的制约，细节的表现可能不尽如人意。

计算机模型表现是随着计算机科技的进步和 3DMAX、SketchUP、CAD 等三维图形软件的开发和应用出现的新的表现手段，现在也成了设计的主要表现手段之一。它兼顾了草图表现和实物模型表现的优点，在很大程度上弥补了它们的缺点。计算机模型不仅可以像草图表现那样进行深入的细部刻画，又能使其表现做到直观具体而不失真，它既可以全方位地表现造型的整体关系、空间的关系以及人和环境的关系，又有效地杜绝了模型比例大小的制约。（图 5-32、图 5-33）

图 5-32 公共艺术模型表现　　　　　　　　　　　　　　　　　　图 5-33 公共艺术模型

（4）效果表现

效果表现不同于草图表现和模型表现，后者是设计成型前推敲的过程，前者则是最终成果汇报所进行的方案设计表现。它要求该表现具有完整明确、美观得体的特点，以保障把方案所具有的立意构思、空间形象以及气质特点充分表现出来，从而最大限度地赢得评判者的认可。因此，对于效果表现应注意以下几点：

绘制正式图之前要有充分准备，绘制最终效果图前应完成了全部的设计工作，并将整个图形绘出正式底稿，包括所有的文字、图标、图框以及辅助场景等。（图 5-34、图 5-35）

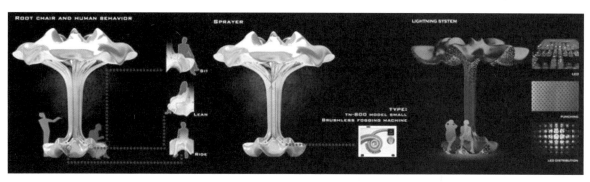

图 5-34　三维建模视图

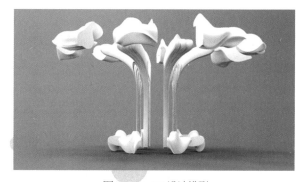

图 5-35　3D 设计模型

练习思考题

两三个人为一组，设计一套完整的公共艺术作品，用手绘或三维建模的手法表现。

第二部分 公共设施部分

第6章 公共设施的概述

6.1 公共设施设计的概念

城市公共环境设施是伴随着城市的发展和社会的文明而产生和发展起来的，城市公共环境设施是人与环境的纽带，遍布于我们生活的城市的环境中，是城市景观的主要要素之一。在城市的每个街区中，各式各样的公共设施默默地给人提供各种便利的服务，也为提高城市功效做出贡献。因学科研究方向和切入点的不同，城市公共环境设施的名称，有时也被称为"环境设施""城市家具""建筑小品"等。

"城市家具"一词中的"家具"(furniture) 的定义为："人类日常生活和社会生活中使用的，具有坐卧、凭倚、储藏、间隔等功能的器具。一般由若干个零部件按一定的结合方式装配而成。"从广义角度上说，家具是人们在生活、工作、社会活动中不可缺少的用具，是一种以满足生活需要为目的的，追求视觉表现与理想的产物。因此，所谓"城市家具"即"城市公共环境设施"，主要是指在城市户外空间（包括室内到室外的过渡空间）中满足人们进行户外活动需要的用具，是空间环境的重要组成部分，是营造自由平等、充满人文关怀等美好氛围的社会环境的重要元素。

公共设施是连接人与自然的媒介，起着协调人与城市环境关系的作用。我们要根据人们的生活习惯和思想观念的变化，不断设计出新的能够满足人们生活需求和精神需求的公共设施。公共设施设计的内容包括"形式"和"内涵"两个方面。"形式"公共设施设计给予的第一视觉效果，即其造型与其他设计要素的结合方式如何；"内涵"公共设施设计的文化价值体现，性质的深层内容的内在体现。

城市公共设施包括公共绿地、广场、道路和休憩空间的设施等。城市公共设施是指向大众敞开的，为多数民众服务的设施，不仅是指公园绿地这些自然景观，城市的街道、广场、巷弄、庭院等都在公共设施的范围内。通过综合分析以上相关概念的要点，城市公共设施主要是面向社会大众开放的交通、文化、娱乐、商业、金融、体育、文化古迹、行政办公等公共场所的设施、设备等。（图6-1、图6-2）

图6-1 创意公共设施设计座椅

图6-2 公共设施绿化设计

6.2 公共设施设计的形成与发展

"环境设施"一词源于英国,英语为 street furniture,直译为"街道的家具"。类似的词还有 sight furniture(园景装置),urban furniture(城市装置),在欧洲称为 urban elemeni(城市配件),在日本则被理解为"步行者道路的家具"或者"道的装置",也称为"街具"。公共设施与建筑、艺术一样,由于人类文明的发展而诞生,它因遵循城市文化发展和城市构成的要求而发展变化。 公共设施的存在决定了城市空间的性质以及空间中的人类活动,公共设施的性质同时又与城市中环境的性质相一致,具有文化性、地域性、多元性、特定性的设计特点。 (图6-3、图6-4)

图6-3 西班牙公共座椅设计   图6-4 法国埃菲尔铁塔

6.2.1 我国古代的城市环境设施

公共设施设计是伴随着大工业生产的兴起、现代设计的诞生而发展起来的,其出现却有着悠久的历史。公共设施是与城市发展紧密相连的,在城市形成之初,公共设施就如同城市的家具一样,装点着城市的每个角落。

图6-5 华表   图6-6 日晷

如我国古代重要建筑前的华表、石牌坊，故宫太和殿前作为定时器的日晷，划分空间和控制空间作用的石牌坊及石狮、铜龟、香炉等（图6-5、图6-6）。中国古代建筑中通过空间结构的配置表达着皇权唯上的思想，并以无声的封建礼教禁锢着人们的思想。

6.2.2　西方城市环境设施回顾

在国外有神庙、纪功柱、方尖碑及凯旋门、喷泉等设施。一些具有悠久历史的城市与一些现代化的大都市都有完备的公共设施，如象征着战争胜利的凯旋门，具有标志性的方尖碑、纪年柱等古代设施，具有城市象征与观赏意义的埃菲尔铁塔。这一系列的配套环境设施，从城市中心逐渐向城市边缘分布。

工业革命后，随着科学技术的发展，生产过程的机械化、自动化以及自动装置、计算机装置的广泛应用，新材料、新科技不断涌现，人们的公共空间领域也不断扩展，出现了门类繁多的公共建筑、公共场所，随之发展的与之配套还有实用功能的饮水机、路灯、指示牌和设计新颖的现代环境设施的自助系统、电话亭、公共汽车站、儿童游乐设施等。我们可以从城市公共设施看到城市发展的脉络与辉煌历史以及现代化大都市的身影。（图6-7、图6-8）

图6-7　国外红色电话亭　　　　图6-8　公共汽车站站台设计

6.2.3　国内外公共设施发展现状

进入新世纪以来，人们的生活习惯和消费观念发生了很大的变化，传统观念的公共设施已不能满足人们的生活需求，如何进行现代城市的公共设施的设计理念的更新才是至关重要的，在设计过程中要不断地赋予城市公共设施新的元素。

目前，各国学者对公共设施所界定的含义存有差别。克莱尔认为："公共设施就是指城市内开放的、用于室外活动的、人们可以感知的设施，它具有几何特征和美学质量，包括公共的、半公共的供内部使用的设施。"我国的一些学者认为：公共设施包括公共绿地、广场、道路和休憩空间的设施等。城市公共设施是城市空间环境整体化不可缺少的要素，它不仅是指城市户外活动场所中为人们提供休息、交流、活动、通信等需求的必要的使用设施，还因其具有的景观的特殊功效，是室外空间景观环境的重要组成部分之一，增加了城市空间的设计内涵。公共设施的应用形式和视觉艺术效果等方面也在逐渐提高。

在如今的知识时代中，高效率高科技的城市发展，使与之相适应的公共设施也日益受到了人们的重视和青睐。公共设施表现了城市的气质和风格，显示出了城市的经济实力、科技实力、人文魅力。

6.3 设计原则

6.3.1 以人为本

随着人的活动范围日益扩大，新的生活方式引发了人们对户外活动的迫切需求。户外的公共环境与室内环境不同，它属于大众的活动空间，人们各种行为方式的差异，促使公共设施也应具有与之相适应的功能与特性。

城市公共设施的设计应注重对人的关注，加强以人为本的意识，包括对人们行为方式的尊重。所以，公共设施的设计应该充分考虑使用人群的需要。在使用人群中老人、儿童、青年、残疾人有着不同的行为方式与心理状况，必须对他们的活动特征加以研究调查后，才能在设施的物质性功能中给予充分满足，以体现"人性化"设计。（图6-9）

图6-9 人性化通道   图6-10 儿童娱乐设施设计

比如在儿童聚集的游乐园，就应该针对孩子们的特点，在尺寸和色彩上，设施应该有相应的特点（图6-10）。这就要求设计师具有一定的人文关怀的思想，真正考虑到针对的人群的需要。如阿姆斯特丹步行街上的雕塑不仅仅是装饰品，而且具有实用功能，成为市民日常生活的一部分。（图6-11）

图6-11 阿姆斯特丹
街道公共设施

6.3.2 整体与个性结合

城市公共设施不同于一般的产品，在局部的环境中它是一个单独的产品，各自以其自身的孤立面貌占据着独自空间，但是整体来看，它只是整个城市景观的一部分，精心处理，就能使城市视觉环境达到统一之中兼有丰富变化的完美效果。城市公共设施设置应以城市规划为依据，从城市整体环境出发，使两者和谐统一，以不影响城市形象的整体性为基本原则，要将城市公共设施与城市建筑、道路、绿地等一起组合成一个整体景观。（图 6-12）

图 6-12　荷兰布雷达市公园座椅

现代都市中不同的区域应有相应的合理规划，应考虑到功能空间、交通等多方面的因素，对公共设施进行系统化的布局与有机组合，而不应只停留于其本身的设计，应考虑它对该区域的空间环境的影响。只有充分研究公共设施与区域、与城市大环境的关系，进行动态的整合和精心的处理，才能创造出适宜的环境。

6.3.3 视觉效果

城市公共设施对于城市景观的构筑是必不可少的。公共设施的创意与视觉意象，直接影响着城市整体空间的规划品质，与城市的景观密不可分并忠实地反映了一个城市的经济发展水平以及文化水准。它以一定的造型、色彩、质感与比例关系，运用象征、秩序、夸张等特有的手法作用于人们的心理，给予人们视觉上的感受。（图 6-13、图 6-14）

图 6-13　停车场栏杆指示牌　　　　　　图 6-14　水果巴士站

6.3.4 文化的隐喻

在城市公共设施的设计中，隐喻时代的精神与观念，传达当地的历史文化与民俗风情，与其他实体一起组成城市的形象，反映城市特有的风貌与色彩，表现城市的气质与风格，同时体现出城市居民的精神文化素养。如图 6-15 所示，这个以"水墨"为主基调的公共汽车站的设计，以墨色为设计的主基调，颜色沉稳淡雅，配有水墨荷花的装饰水墨画，体现出杭州这个城市极具水墨情怀和人文风韵的城市风格。

图 6-15　"水墨杭州"为主题的城市公共设施设计

6.4　公共设施设计的功能

公共设施被布置在公共环境当中，它的基本功能就是服务大众。种类各异的公共设施有着不同的用处和功能性能，能满足城市中人们不同的生活运动需求。社会的进步、科学的发展，新观念、新思维、新技术、新材料、新工艺的运用展现了人们的创造力，促进了公共设施设计的发展，丰富了人类的生活需求和精神需求。一些公共设施逐步被人们舍弃，一些全新的设施又会出现；一些人们遗弃的设施又被二次设计而使用。公共设施的发展也遵循否定之否定的类似螺旋运动的发展规律。

公共设施设计的基本构成包括功能、形式和技术三个方面。

6.4.1 公共设施设计的功能

公共设施设计的功能可分为功能体现、环境意象的体现、装饰效果的体现、附属功能的体现。

（1）功能的体现

设施本身所体现出的使用、便利、安全等功能，它很容易被人们感知和体会。

如图 6-16 所示，公共照明设施使人们的夜间活动更具安全性。

如图 6-17 所示，道路边缘放置的车禁拦阻设施，通过放置的位置和本身体现出的形体"语言"，告知人们这里不通行车辆。

图 6-16　街道路灯　　　　　　　　　　　图 6-17　具有指示效果的车禁拦阻设施

如图 6-18 所示，从形式上我们就可以轻松地得知这是供休息的座椅。

图 6-18　景观休闲座椅

（2）环境意象的体现

公共设施通过本身的形式、数量和布局方式对整个环境的内容予以添加和强调，通过自身的形态构成与特定性质的环境空间相互作用来体现出环境意象这一功能。

如图 6-19 路灯行列组群运用类似"多点成线"的构型手法确定出道路的方向和区域，明确地给人以行走路线的引导。

如图 6-20 桥面护柱通过桥面拦阻设施的布局和数量将水体和人行路合理划分开来，从而更明确地强调了护柱的功能。

图 6-19　积点成线的路灯导向　　　　　　　　　图 6-20　石桥护柱

（3）装饰效果的体现

人们精神审美的不断提高，也充分体现在公共设施设计的装饰要求上，公共设施要能通过设计起到对环境美化的作用。它的体现大致为单纯的艺术装饰处理和与公共环境特点一致的装饰体现。

如图 6-21 所示，为地面盖具设施。通常我们的窨井盖设计都较为简单，而这里运用单纯的艺术处理手法，将"指示针"的图案制作在盖具上，指示出具体的方向，具有一定的艺术装饰性。

如图 6-22 所示，通过桥体护栏与桥头标识的地域性色彩和造型的装饰，较为明确地表现出环境的本土特性，对环境意境的表达是一种更好的补充。

图 6-21 纽约布鲁克林区导视系统　　　图 6-22 日本平等院

（4）附属功能的体现

公共设施除了有着自身的功能外，还具有其他的多种功能效果。

如图 6-23 所示的这样一个标识设施，其本身的造型和功能添加了照明装置，不仅满足了设施本身夜间的可识别性要求，而且还满足了夜间的路面照明要求。

如图 6-24 所示为放置在公园里的一个狮子头雕像。我们可以认为它是公园广场的景观标识，而由于它张开大嘴的造型吸引了很多孩子钻入狮子的口中，又增添了游乐设施的功能。

图 6-23　transit 混合型指示设计　　图 6-24　景观雕像设计

如图 6-25 所示，本身主要功能体现的是一个保护树木的拦阻设施，它的尺度较大，形成一个坡面，成为一个向人们展示宣传信息的立面，又由于它放置在车行与人行的道路边缘，告知人们这里是道路的分界。设施除体现本身功能以外，还体现了标识和拦阻的附属功能。

图 6-25　多功能的树木拦阻设施

6.4.2 公共设施设计功能体现的方式

公共设施设计功能体现的方式有：控制、中介、平衡。

（1）控制

是指公共设施对人们在环境中的活动行为和心理进行限制和引导。可以通过拦阻、诱导、划分、掩藏的手法来实现这一功能。如拦阻设施、标识设施、铺装设施、街桥设施、标志门设施等。

如图 6-26 所示，通过地面处理和边界柱廊架的设计，将区域进行阻隔和划分。材质的应用，使周围环境与设施互相映衬，构成整体和谐的环境。

如图 6-27 所示，地下的一个下沉场所由水景装饰的墙体的阻隔设置形成了一个相对隐秘的空间，减少或避免了过往人流和噪音的干扰。

图 6-26　富有情趣的景观廊架

图 6-27　叠水景观设计

如图 6-28 所示，这是 SCG Experience 集团的一个标识，附着于地面上，有效地界定了内外部的空间区域。

如图 6-29 所示，路标有效地指引人们方向。

如图 6-30 所示的木桥，通过人们的视觉认知有效地达到引导行为的作用。

如图 6-31 所示的简单的金属构架搭起的"入口门"设施，引导和暗示人们将要到达的区域。

图 6-28　SCG Experience 集团的一个标识　　　　图 6-29　路线指示牌

图 6-30　景观木桥设计　　　　图 6-31　泰国曼谷鲁比尼镇广场入口

（2）中介

中介是指两个相互对比较强的空间环境之间需要有合适的过渡设计手法来满足人们视觉上和心理上的平衡，强调不同空间的环境意识。具体应用如廊架设施、铺装设施、遮掩设施等。

如图 6-32、图 6-33 所示为圣彼得教堂及前柱廊围合的广场。人们将中介的手法应用于空间之间的联系和过渡，围绕着广场中心的碑柱而展开的圆形柱廊似乎成了建筑延伸到外界的一部分。

图 6-32 圣彼得教堂   图 6-33 前柱廊围合的广场

如图 6-34 所示，与建筑相连接的檐廊设施能更有效地过渡和协调内外两个不同的空间。

图 6-34 郎木寺

如图 6-35 所示，通过地面铺装设施将室外地面引入到室内，从视觉上给予人们内外两个空间的过渡协调感。

如图 6-36 所示，简单的水平线条和垂直线条的形式应用就构成了柱廊的尺度和造型，将道路和两边的水体与绿化区域划分出来，达到人们视觉和使用上的满足。

图 6-35 设计"乾坤"   图 6-36 景观廊架设计

（3）平衡和烘托

主要是针对强调空间环境的意象做具体的多方面结合的平衡和烘托效果。在整体性的公共设施组合与公共环境设计方面体现得比较多。

如图 6-37 所示是一个建筑前广场，以下沉的广场形式区别于建筑前的通道用地的界面高度，强调各个不同空间，产生一定的对比效果；而建筑色彩为白色，在前广场中运用少量白色座椅、花坛设施，这样的色彩搭配处理手法又使整个场景达到了一种视觉和心理上的平衡。

如图 6-38 所示是一个淋浴器设施，它利用工厂里废弃的管道经过内部结构改造后再利用，其本身造型与功能并不会使我们过多地注意它，但是其用材的废物再利用手法，值得大家关注。

如图 6-39 所示为日本宫泽遗迹标识设计，透明材质上的图案与相应的真实场景相映衬，通过暂时的视觉效果复原丘陵间的城堡图形，把过去景象与现实状况重合在一起，体现出环境的设计含义，使游客很容易了解历史，充分地概括了环境和设施的多义性。

图 6-38 管道的再利用

图 6-37 休闲广场区

图 6-39 日本宫泽遗迹标识

除了通过视觉上的识别带来的平衡感受以外，我们还应该从听觉、触觉和嗅觉等感官来深化感知的范围，也为盲人认识世界和周围环境提供有效的手段。

公共设施设计的形式是结合功能要求和造型方法进行的设施形态构成要素的组合表现，依据形式美法则和技术工艺对造型要素进行研究和塑造。

6.5 公共设施设计的形式

6.5.1 形态构成要素

形态构成要素有：点、线、面、体、色彩、质感。

（1）点

点是所有元素的初始阶段，在三维空间中它表示的是一个点位，不管是设施布置在环境中，还是设施本身上的"点"，在一定比例条件下，只要是起到点的作用的形，我们都称之为点。在环境空间中或物体形态构成中，它体现为：一个范围的中心；线段的两端；两根线的汇合处；面或体的角上的线段相交处。点在空间或是物体中的地点不同，人们在视觉及意识方面就会有不同的感触。点的组合排列方法有间距变异、大小变异、紧散调节、图形形状等。我们可以依据形式美法则并结合运用这些排列方式进行更完美的设计。

如图 6-40 所示是法国凯旋门。此类具有景观作用的纪念性设施，它在空间环境中就起到了点的作用。

如图 6-41 所示地面铺装和树的结合，体现出了点在面中的作用。

如图 6-42 所示为休息座椅在座面中加入了点的间隔变异的排列手法而构成造型元素，削弱座面本身的厚重感，增强细节和美感。

图 6-40　法国凯旋门及周边环境

图 6-41　点面结合的景观设计

图 6-42　具有视觉美感的景观座椅

（2）线

线是点运动的体现，在造型设计中，线有粗细、形状或面积等表现方式。线的特点源自于它的长宽比、轮廓以及连续方式等。它在视觉形态构成中表现为连接、分割、轴线、包围及交叉等，使线的形态分为几何线、自然线。几何线分为直线与曲线，自然线分为自然折线与自然曲线。

直线通常给人以刚劲、简明、稳定、方向、力量等感受，在形态造型设计时，若想突出表现强劲的力量和方向感，就可以巧妙地利用直线造型元素。曲线表现出柔和、丰满、轻松、动感、流畅等感知效果，在造型设计中若要表现柔和、动感等效果，就可以进行曲线元素的应用。同时也可以应用直线与曲线结合的元素造型手法，两者不同比重的造型设计，会展现出更具有变化的特色效果。

如图 6-43 所示为喷泉景观中的海豚造型，主要形态构成元素为曲线，给人以亲和力，具有流畅的动感，与水体所展示出的形式保持一致。

如图 6-44 所示为一组路灯设计，造型以直线为主要构成要素，体现了挺拔、简明的视觉效果。

图 6-43 城市广场喷泉设计　　　　图 6-44 交互式动态景观灯

（3）面

面是直线在二次元空间内运动或扩展的体现，一个面有长度和宽度而没有深度。我们对其第一性视觉认知是形状，根据其形状，面可划分平面和曲面。面可以限定物体的体积上限，面的属性不同也会产生不同的视觉效果。

①平面：平行面、垂直面、倾斜面。

②曲面：几何曲面、任意曲面。

平面通常会给人以静止、安静的感觉，还具有一定的方向引导性；曲面具有浮动、亲昵、忐忑、自由等特点。在现代公共设施设计中，曲面的应用越来越多。在公共设施造型中，面通常表现为一个侧面或形体的一个单元。除单体局部造型处理以外，它还应用于地面铺装、路灯排列、拦阻形式等方面。

如图 6-45 所示为庭院内的铺装组成，由完全规则的平面构成，体现出严密的秩序感。

如图 6-46 所示是一组室外公共座椅，它结合场所空间的尺度确定其整体形态，具有变化的曲形座面，给人强烈的自由动感和无拘束的场景感。

图 6-45　庭院景观布局

图 6-46　公共休息场所座椅设计

（4）体

体是面的移动而形成的三次元轨迹，它占据一定的空间，能以不同的形态给人以不同的视觉感受。它可以通过叠加、融合、互锁、碰撞、串联、引导等手法完成形体塑造。体可分为几何体和自然体，体与形成体的面性质一致。

①几何体：最基本的形态为圆球体、正立方体。

②自然体：不确定的体、几何体的无规则分割与组合体。

体是具有重量的，将它放置在不同部位就会具有不同的形态和效果。

几何体给人以稳重、刚毅、强壮、现代等感觉，自然体给人以活跃、释放、动感、灵活、轻巧等感受。我们可以根据公共空间的性质和表达意象的不同，灵活应用体的不同组织形式。

图 6-47　几何体指示牌

如图 6-47 所示是两个几何体构成的入口标识，利用色彩和位置关系上的"吸引"，我们能够感受到这两个形体是一个组合。

如图 6-48 所示是一个公共室内空间的座椅设施，我们可以说它的形体就是一个不规则的自然体，放置在空间中，由于它本身的灵活性而引发人们随意的就座行为。

图 6-48　折叠座椅设计

（5）色彩

色彩是实体造型中最触人感官的元素。我们可以通过色彩的辨识性、象征性和装饰性特点，来增加设施本身的表现力，同时对大环境也起到了烘托和补充作用。这里，大家需要对不同地区、不同民族的文化等要素有所认识，结合色彩心理学，思索色彩在设计中的调和与色彩搭配。

如图 6-49 所示是树木、道路和绿地结合的铺装设计，它运用色彩平面构成的手法来完成场景环境的景观塑造。

如图 6-50 所示是一组标识设施，独特的排列方式与独特的色彩相结合，构成了美妙的视觉享受。

图 6-49　景观铺装设计

图 6-50　创意标识设计

（6）质感

质感指人通过触觉和视觉所感受到的设计的质地特征。实体设计的质感主要由天然和人工的两大材料属性决定，通过材料表面的肌理和材料结合得比较，可以更好地突出质感给人的视觉和触觉感受。材料所体现出的质感特征，我们要结合场景环境中的特征来灵活地加以应用。

①天然材料：石材、木材、土、草等。

②人工材料：磨光石材、铝合金、不锈钢、镜面、玻璃等。

如图 6-51 所示是典型的日本园林中常用的枯山水，现代人的生态回归意识很强，使用天然材料是现代环境中用以对比和强调这一意识的设计趋势。

图 6-51　日本园林的枯山水设计

如图 6-52、图 6-53 所示为指示标识设计，天然花岗岩与不锈钢材质的结合体现了既稳重又现代的城市形象，无论是远观还是近观都可以展现出本身的精良品质。

图 6-52 公园指示牌　　　　　　　图 6-53 楼层导视

6.5.2 形式美法则

形式美法则有比例与尺度、对称与均衡、节奏与韵律、对比与微差、主要与次要、统一与变化。形式美法则是造就视觉美感，引导一切创造性设计活动的原则。随着时代的发展，我们只有灵活运用形式美法则，才能创造出更新更美的公共设施。

形式美法则对于公共设施设计的作用体现在内容、数量、间距、尺度、高度、体量、关系、位置、组合方式等形态设计表达的因素上。

（1）内容

设施（物体）本身是由点、线、面、体的内容集聚组成，而这些形式构成要素又都具有不同的形态内容。

①由直线与直线等同一系、同一类造型元素构成方式。

②直线与曲线、平面与曲面等同系不同类的造型元素构成方式。

③直线与平面、曲线与球体等不同系同类的造型元素构成方式。

④直线与球体、曲线与平面等不同系不同类的造型元素构成方式。

（2）数量

一个公共设施本身存在的形态就能反映出它的造型特征，而在一定的环境范围之内，随着单体公共设施数量的增加，群体的形态特征就盖过了它本身的特征，从而数量影响了设施本身的形态，也影响着它所在环境的空间形态。如一个公共座椅放置在一个广场中，一组公共座椅放置在广场中的一个区域，这两种形态特征所表示的内容不同，大家要认真体会数量在设施设计方面的作用。

（3）间距（密度）

是指在特定的环境空间中，设施或者构成部分的相对位置距离。设施的不同部分的间距过小就呈现出归属性；间距过大就强调了各自的独立性；最佳的间距应根据设施的特点、环境性质和人的使用要求来确定。

（4）尺度

尺度是一个具有独特的事物本身与环境空间所表现出的适应比例的关系特性。物体本身的造型并没有尺度，但当它处在一个空间环境中的时候，就体现出尺度的标准，这个尺度标准是以人们的常态运动范围和心理度量为依据的。大家有时很容易将尺度的概念仅仅认为是物体造型的大小，而这里要强调的是它与环境的大小比例关系，在进行设施的造型设计时要注意尺度概念。

如图6-54所示为达·芬奇的《维特鲁威人》，作品向人们表明了人体比例关系和肢体活动范围。

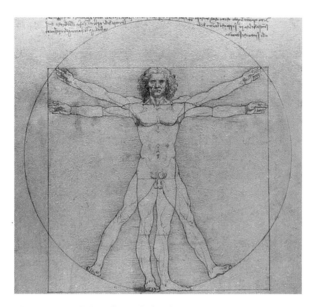

图6-54　达·芬奇的《维特鲁威人》

如图6-55所示表示人在相同高度、距离尺度不同的两面墙间的不同感受：当 D/H = 1 时的尺度，人感觉是最舒适的；而 D/H < 1 时让人有紧迫感，反之又有远离感或不安全感。

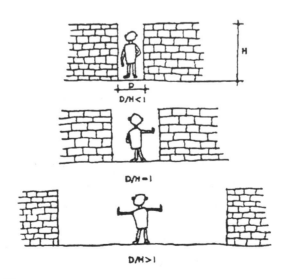

图6-55

（5）高度

高度是指事物或事物的造型元素在环境空间中相对于地平面、人体、周围环境要素的高度。公共设施设计的本身作用体现在人体的如何使用上，这就要以人的身体数据为设计依据。公共设施放置在一个特定的公共环境中，它与环境的组合关系要以人的视觉审美和心理感受为设计依据。在城市环境中，小范围之内物体与物体之间的相对高度要依据旁边的参照物来进行比较；大范围之内物体间的相对高度变化要加"透视"因素，取得特别的空间形态和艺术效果。图6-56所示是勒·柯布西耶的模数系统，以身高185厘米的人作为标准，加上手臂举高后共计226厘米，中间还强调脚踝、膝盖、腰际等部分的数据。它不仅指出了人体的各个部分的数据，还强调了人体内部存在的比例关系形态可以增强空间特征的丰富性。这种手法可运用于环境空间中的设施元素与各个部分的空间和造型处理。

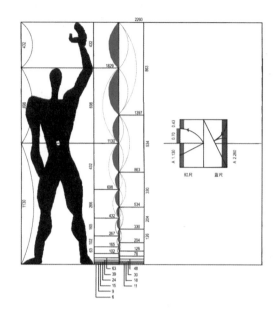

图6-56　勒·柯布西耶的模数系统

（6）位置

是指在一个具有限制性的空间范围内，物体或物体构成要素与地面（墙面）的关系特征。主要由公共设施在场所中的地点确定，依据场地、功能、形状、围合程度、空间特征来选择设施应放置的合适位置。选择"位置"的方法对设施在场所中实现真正的使用价值和审美价值都有很大的影响。

（7）组合

事物或事物构成的要素以造型要素的方法进行组合。组合的方式和内容不同体现出的空间形态也不同，有同系要素组合、异系要素组合、多异系要素组合。

①同系要素组合：点的串联、辐射、格阵、向心、组团、叠加等；直线的排列、格网、聚集、辐射、交叉等；平面的穿插、围合、相交、叠加、排列等；面体的相贯、叠加、排列、包容、消减等；点与线的组合；线与面的组合等。如图6-57所示为同系要素之间的叠加、包容、互锁组合。

②异系要素组合：点与线的聚合、接续；线与面、面与体、线与体之间的距离、接触、交叉等。

③多异系要素组合：多种系类各不相同的要素组合，如点、曲面和球体，线、面和体的结合等。

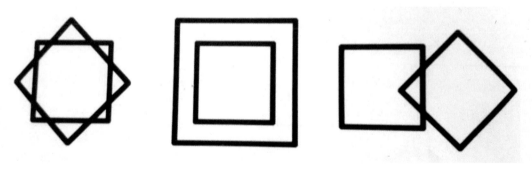

图6-57　叠加、包容、互锁

6.5.3　公共设施设计的表现

对于设计师来说，除了有专业的知识和创造能力、审美能力外，还要具备一定的表达能力，将自己的设计设想真正通过某种具体形式表达和展示给大家，从而得到大家的认可。公共设施设计主要是通过制图和模型制作的方式来完成表达目的。设计者经过反复的设计创作，应用规范的表达方式展示出自己真实的设计构想。

在此设计课程开设之前，画法几何、阴影透视、表现技法等课程是设计表达的基础知识，模型制作课程的内容教给大家使用工具并按照比例制作实物。

图纸表现主要包括平面、立面、剖面及详图、效果图，这是在设计方案已经确定的情况下，再利用图纸的规范表现方法呈现作品意图。计算机辅助设计在制图效果上，可以通过 AutoCAD、3DMAX、Photoshop 等软件协助设计，表达效果清晰准确。

同时，计算机辅助设计（CAID）在操作系统的支持下，更关注人的因素，建立人与机器的互动模式，可以进行设计领域的各类创造性活动，因此它在设计方法、设计过程、设计质量和效率等方面都比以往设计工作有了更大的技术进步。

公共设施设计的技术表现在：公共设施的造型结构是否合理和具有美感；本身的制造手段；设施的维护和保养等。公共设施设计对于技术手段的要求是通过技术上的可行性和性能指标，来达到人们使用上的安全、适用、合理等要求。

（1）公共设施的造型结构内容主要包括造型材料的应用、内部的组织、各构成部分的组织搭配。

①不同材料的应用决定着不同的结构形式，在体现功能作用的前提下，强调造型的合理和结构美感是公共设施设计所处空间环境的要求之一。

②以往我们在设计中都强调设施的造型，而对于内部的结构组成忽略较多，内部组成部分的体积和结构形态也要很直观地体现在外部结构中，这样才能够真正做到技术和制造的可行性。

③设施各组成部分的合理搭配也是在一定的结构原理依据下进行，我们应考虑公共设施的坚固性、安全性，包括设计原理，如节能型（利用太阳能）等对结构的要求，利用综合知识来确定结构形式。

（2）本身的制造手段主要指的是在适合现代化生产方式的要求下，结合制造工艺的措施实现制造的手段。现在，人们对生活环境所提倡的生态化和本土化的立意，也影响着制造手段的工艺处理方面，人们对机械化工艺手法加工出来的人造产品的热衷有所降低，而更加喜欢朴实的、具有原始自然特性的工艺手法。能源类型不同、能源利用方式不同等科学技术的发展也影响着制造手段和方式。

（3）设施的维护和保养。设施的维护和保养在公共设施设计中也是很重要的环节，设施的功能状态、材料特性和构造形式是决定维护和保养设计方面的依据。

公共设施被使用的频率很高，这种情况下不仅要注意设施功能在使用上的便利，还要考虑在维护和保养时的操作便利性，这与设施的功能状态和构造形式都有密切关系。

公共设施设计的技术表现直接受现代工业制造和发展的影响，同时也受人们审美观念和能源利用方式等的影响，所以技术表现要综合多方面的设计因素表现出时代的特色，寻求促动公共设施设计发展的方法，从功能和技术上改进比简单地追求形式的变化更容易引起人们的注意，更容易发掘出新的设计领域。

练习思考题

1. 分别对公共设施设计的四种功能体现、三种功能体现方式做对应的多种设施实例收集，写一份完整的公共设施设计功能体现的研究报告。

2. 列举形态构成要素和形式美法则在实际公共设施实例中的应用。

第 7 章　公共设施设计的类型

公共设施可以分为公共信息设施、公共服务设施、公共交通设施、公共管理设施、公共美化设施等五大类，具体为信息设施、卫生设施、交通设施、休息设施、游乐设施、建筑小品、水景设施、绿化设施、传播设施、景观雕塑、管理设施、标识性设施、无障碍设施。

7.1　公共信息设施设计

7.1.1　导视设施

导视设施是指一个区域完整的信息指示系统。它包括指示性导视牌、规定性标牌和介绍性标牌。指示性导视牌侧重于方向信息的指示，如地铁站方位信息指示牌。规定性标牌是用于规范人们行为的标牌，通过导视标牌使人的行为符合健康生活的原则。介绍性标牌主要用于旅游景区等区域的对于本地区人文风情的介绍。导视系统设计的多样性表现是在不影响引导功能的实现，在标准化的基础上对图形和文字进行更多的形象性、趣味性设计表达，避免表现形式的"呆板"与"方正"。不同空间场所的指示设计差异性不大，这样的指示设计很容易引起观者的视觉疲劳。由于人的视觉心理所惯有的对新形态猎奇的本能和天性，使得有创意的指示系统设计给人以新颖、独特且又耐人寻味的审美体验。但是也不能过于隐晦和含蓄，特别是一些导视作用占主体的空间，例如商场卫生间。（图 7-1 至图 7-4）

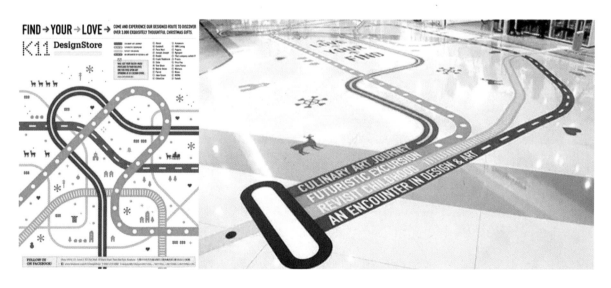

图 7-1　中国香港设计师 Ken Lo 为 K11 购物中心设计的"Find Your Love"圣诞节项目

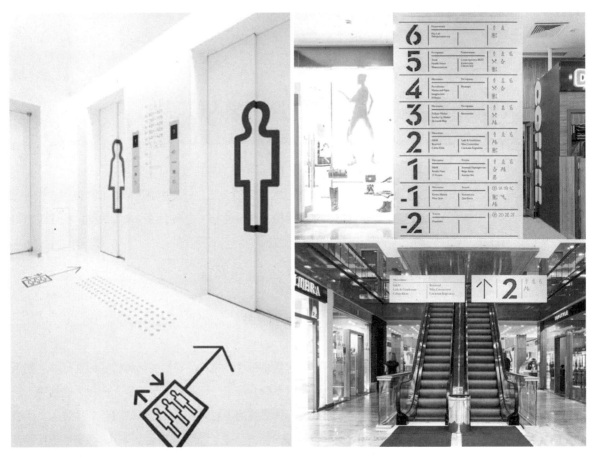

图 7-2　这样的设计便于消费者快速、准确无误地找到目的地　图 7-3　商场导视系统设计

图 7-4　个性化的导视设施

7.1.2　公共电话亭

　　公共电话亭是通信设施，同时也可以美化环境，针对其外观和尺寸要进行人性化的设计，以便于人们使用，其主要分布在城市街头及人群集中地。根据公共电话亭的造型，可分为封闭式、开敞式、半开敞式。

　　（1）封闭式电话亭四周都是界面布置，空间围合感很强，具有良好的隔音效果，抗干扰性强，适用于宽敞空间，如广场、公园等区域。

（2）开敞式：又称附壁式，是指电话安装在墙壁或其他构筑物上，空间围合感不强，隔音效果差，防护性差，使用便捷，外形轻巧。

（3）半开敞式：具有一定的防护性和隔音性，空间形式上不完全封闭，围合感强。

公共电话亭的设计要求：

公用电话亭在设计上首先要考虑人体的身高尺寸，考虑人的活动空间；其次外观及安全性设计尤为重要，甚至影响一座城市的市容。使用的材料必须坚固耐用，便于维护。电话亭的高度一般为1800~4000mm，深度为800~1400mm。电话亭的外观要与所处的环境相协调，与所处地域的建筑风格相一致。在步行环境中，一般100~200m设置一处，可选择明度和纯度较高的色彩，视觉上识别性高。选材上要考虑其抗风防晒的能力，采用钢、铝等金属框架嵌有机、钢化玻璃。（图7-5）

图7-5 公共电话亭

7.2 公共服务设施

7.2.1 休息设施

公共休息设施可分为休息座椅、休息亭、廊架等设施，在城市环境中充当户外家具的作用，为市民提供休憩、交流、观赏的功能。座位应设置在安静或有景点的区域，如公园广场、林荫树下。此外，休憩设施的设计应考虑周围环境的遮阴性，在大面积硬质铺装的广场上，可设置树池座椅的形式。

座椅可采用集中式和散点布置两种形式，可与花坛、树池、亭廊结合。公共空间中的座椅可采用集中式设置；较为私密的区域座椅的位置应远离人群，可散点布置。

公共休息座椅的设计要求：

①设计尺寸应依据人机工程学，如一般座面设计为高58~45mm，宽40~45cm，深40~45cm，扶

手 20~25cm，测量数据要考虑人体生理特点的因素（如脊柱弯曲程度、坐骨体面压力等）。

②座椅的主要组成机构有支撑腿、座面、靠背、扶手，构成形式和尺度要根据功能来设计。

③室外休息座椅要考虑防腐蚀、易清理、不易损坏材料的应用，多采用石材、木材、混凝土、铸铁、塑料、合成材料、铝、不锈钢等。

④要综合考虑造型美观以及与环境形成的视觉效果。

（1）椅凳设计

椅凳的设计由于尺度较小，可结合花坛、树池、景墙进行组合设计，在造型上主要分为圆形、直线形、曲线形、L形，形态美观，可通过座椅围合成休憩区，将花坛的边缘延伸成座面。（图7-6）

材料一般分为木材等自然材料和铝板等金属材料。

图 7-6　景观座椅

（2）休息亭、廊架设计

公共休息亭是带有休息功能的遮蔽空间，相对于建筑而言，尺度较小，具有休息、观赏、遮阴、避雨的功能，它具有美化环境的作用。

公共休息亭根据其平面形态，可分为圆形、方形和六角形、八角形等形态，大致有古典和现代两种类型。古典亭子多建在山顶，山上筑亭，登高望远，往往是空间中的制高点；现代的亭、廊架形式相对简洁，多设置在水边、居住区中心、公园路边，成为人们休息、停留的场所。

亭、廊架的设计要求：

亭、廊架的设计应考虑周围的环境，与所处环境的整体风格相协调。亭子的高度一般为4000~3000mm，宽度为5000~5500mm。亭子的尺度不宜过大、过高，不然会缺失轻盈感。材质上，可采用木材等自然材料，也可采用不锈钢、铝合金、玻璃等现代材料。在结构设计上，要注重牢固性和安全性，可采用框架结构，廊架的形式可采用棚架、支柱、座椅组合成一体的廊架设施。发挥其多功能性，考虑与环境的融合。（图7-7）

图7-7 景观廊架

7.2.2 卫生设施

公共卫生设施的设计内容日趋具体和多样化，反映了现代都市的环境卫生文明程度的提高，设施之间的共同作用使得整个城市整体环境的质量亦得以提高。卫生设施主要是为保持城市市政环境卫生清洁而设置的具有各种功能的装置器具。这类设施主要有：垃圾箱、烟灰缸、雨水井、饮水器、洗手器、公共厕所等。

（1）一般垃圾桶

①固定式垃圾桶：垃圾箱的支撑部分与地面连接成一体，不易被移走，方便保护和管理。一般设置在人流量较少的街道或休闲场所。（图7-8）

②活动式垃圾桶：可移动，便于维护和更换，适用于人流和空间变化较大的环境场所。（图7-9）

③托式垃圾桶：体量设计较为轻巧，固定依附于墙面、柱子或其他设施界面上，适用于人流量大、空间狭窄的环境场所。（图7-10）

图7-8 固定式垃圾桶

图7-9　活动式垃圾桶

图7-10　托式垃圾桶

（2）分类型垃圾桶

城市垃圾大致分为：可回收垃圾、不可回收垃圾、有害垃圾。

可回收垃圾，如废纸、塑料、金属、玻璃、织物等。

不可回收垃圾，如果皮、剩饭菜等易分解的垃圾。

有害垃圾，如废电池、荧光灯管、油漆、水银温度计、过期药物化妆品等。

分类垃圾箱的设计要求：色彩的分类效果；标识的分类应用。

①色彩的分类效果

一般使用绿色代表可回收垃圾；黄色代表不可回收垃圾；红色代表有害垃圾。虽然没有明确的规定，但是各地按照习惯用色运用到分类垃圾箱的色彩设计中。（图 7-11）

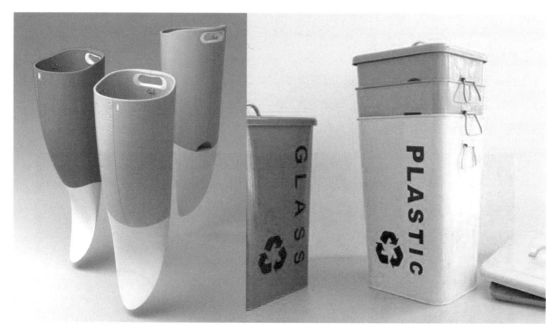

图 7-11　色彩分类式垃圾桶

②标识的分类应用

垃圾箱上配以文字和图形的标识也是分类垃圾箱造型设计的表现手法。仅用文字进行区分适用范围有限，辅以颜色和图形进行区分，可以增强可辨识性。（图 7-12）

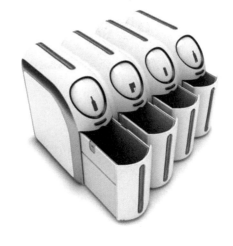

图 7-12　标识分类垃圾桶

（3）公共饮水器设计

公共饮水器是在公共活动场所内为人们提供安全饮水的设施，这类公共设施在较为先进的欧美国家常可见到，但是我国却较少。它的设置需要人们有足够的文明意识，同时还需要城市给排水工程的完善建设，确保饮水器的安置不仅仅是摆设，而能够真正地向人们提供卫生安全饮用水。它主要被设置在城市广场、休息场所、道路出入口等视觉区域。（图7-13）

饮水器的设计要求：

①一般设置在人流量较大、较集中的城市空间中。

②一般采用石材、金属、陶瓷等材料。

③造型可采用单纯的几何形体或组合，也可采用象征性的表现形式，在除了体现本身功能外，也表现出一定的乐趣和视觉美感。

④考虑到无障碍设计的要求，饮水器采取不同的出水口高度设置，或在饮水器基部设置台阶来调节高低需求，通常使用高度为100~110cm，较低的为60~70cm。

⑤注重与地面接触的铺装处理，要求具有渗水性能。

图7-13　公共饮水设施

（4）公共卫生间设计

公共卫生间的设置是表现城市文明、突出以人为本的必要设施构建。一般公共卫生间设置在城市广场、街道、车站、公园、住宅区等场所。街道卫生间常以700~1000m为间距，商业区或居住区以300~500m为间距，人口较为密集和流量较大的区域以300m以内为间距设置。卫生间的数量设置要根据实际情况而定。它的造型设计、内部设备结构处理和管理质量，标志着一个城市的文明发展程度和经济水平高低。（图7-14）

图 7-14　Gravesend 公厕

　　公共卫生间的设计要体现为卫生、方便、经济、实用的原则，它是与人体紧密接触的使用设施，所以它的内部空间尺度要求应依据人机工程学的原理。如大便便位尺寸一般长 1~1.2m，宽 0.85~1.2m；小便站立式便位尺寸深为 0.7m，宽 0.65m，间距 0.8m。还有不同形式的走道宽度，或单体高度等。

　　公共卫生间根据它的形式特点可分为固定式和临时式。固定式一般与小型的建筑形式一致；临时式是根据实际场所的灵活需要而设置的，可随时拆除或移动。

　　公共卫生间的设计要求是：

　　①与环境特征相协调。公共卫生间的设计要尽量与周围环境协调一致，要容易被人识别，但又要避免过于突出。为了便于人们识别利用，可结合标识或地面铺装来引导。

　　②设置表现方式：

　　a. 为了能与环境协调，在城市的主要广场、干道、休闲区域、商业街道等场所，多采用与建筑物相结合、地下或半地下的设计方式。

　　b. 在公园、游览区、普通街道等场所，多采用半地下、街道尽头或角落、侧面半遮挡、正面无遮挡的设置方式。

　　c. 场所中临时需要的活动式公共卫生间。

　　③环保设计的运用。用水、除臭、排污是公共卫生间要解决的难题，用水和排污处理主要是靠排水工程的完善来完成，除臭主要是靠卫生间通风的结构形式来解决。现在具有节水环保作用的免冲水装置和自动控制水开关的设置等应结合实际情况推行。

　　④安全问题的解决：

　　a. 活动范围的安全考虑：无障碍设计的要求（如扶手的位置、残疾人的专用厕位、高低不同的设备设置等），地面的防滑、避免尖锐的转角等。

　　b. 防范犯罪活动：考虑照明的加强、内部空间结构的简洁处理等。

　　⑤配套设备的设置。公共卫生间内的配套设备要保证齐全和耐用，一般设置手纸盒、烟灰缸、垃圾箱、洗手盆、烘干器等，满足人们的使用要求。

7.3 交通设施

公共交通设施设计包括公交车候车亭、拦阻设施、地面出入口、人行天桥、自行车停放设施等与交通安全、便利等方面有关的设计。它的设置不仅使人得到足够的安全感，而且对整个城市的环境规划和街道布置起到促进和完善的作用。

7.3.1 停候设施

大到汽车停车场、人行天桥，小到道路护栏、公交车站点都属于交通设施，在我们周边环境中通常接触到的还有通道，台阶、坡道、道路铺设、自行车停放处等交通设施。交通设施的设计要根据人机工程学的原理，应重点考虑设施的尺寸及使用的舒适度，外观上可以加入一些趣味性的设计。如图 7-15 所示的车站设计，左图为草顶车站，既环保又漂亮；右图的未来派公交车站，如时空隧道，有强烈的动感。又如图 7-16 右图所示的自行车停放处，外观上像花瓣，向外伸展，使设计既实用又兼具美观。

图 7-15　停候设施

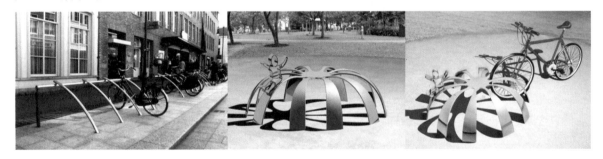

图 7-16　自行车停放处

候车亭在设计形象上，应体现一定的个性，反映城市文脉和建筑、环境的特性；在视觉上，应具有易识别性和自明性，同一路线的候车亭的形态、色彩、材料、设计方式等要同一连续，站牌要统一，视觉识别要清晰；在安全性上，使用具有耐久性的材料，结构牢固安全，应达到防雨、抗震、抗风、防雷、防盗的要求，要符合消防验收的规定；在使用上，充分考虑人的行为习惯，还可与其他设施组合配备，充分考虑弱势群体的需要；在日常维护上，部件要易于替换与维修；在整体上，构成候车亭的各要素必须综合考虑，作为整体统一协调设计。（图 7-17）

图 7-17　候车亭设计

　　自行车停放处分为平面式存车场、阶层式存车场和立体智能化三种形式（图 7-18）。平面式一般设置于道路边或广场周围，具有蔽蓬的设施，在居住区建筑面前也经常使用。有照明设施，并附导向标识，存车面积约 $1m^2$/ 辆。阶层式停车场，一般设置于地铁站附近和繁华街边，虽然建造费用较高，但存量大，利用动线短。存车面积约 $1.5m^2$/ 辆。

　　繁华地带需要存放大量的自行车，平面式和阶层式的存车场已不适应需要，对市容的影响也会产生欠美观的作用。为此，近年来存车场向立体化、智能化方向发展。但目前使用这类停车场在存入和取出时花费时间过长。

图 7-18　造型各异的
自行车停放处

7.3.2 其他交通设施

（1）交通阻拦设施

主要包括阻车装置、减速装置、扶手、护栏、封闭隔离、施工安全等设施。这类设施的作用是避免事故发生，诱导行车，保证维修作业安全。这类设施的设计除了满足阻拦的功能外，还要考虑其美观性，与周围环境的融合。拦阻设施设计根据所采用的结构手法和造型的不同分为墙栏、护柱／栏、凹陷沟渠、地面铺装等。（图 7-19）

图 7-19 交通阻拦设施

（2）交通步行设施

交通步行设施包括人形天桥、人行道的设计，主要功能是供人们穿行，起交通连接的作用（图 7-20）。设计上要考虑人流量、荷载力及外观形态，还应与其他设施结合，如照明设施和绿化设施。纽约高线公园原本是纽约的一条肉食运输货运线，后在停运后重新改造，改造后成为纽约市一道亮丽的风景线，沿途可观赏自由女神像等纽约市地标建筑。（图 7-21）

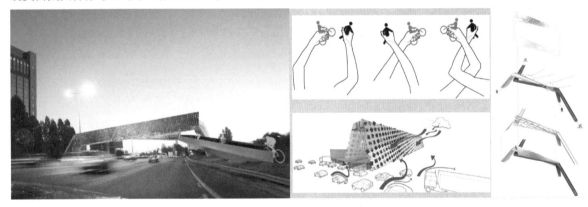

图 7-20 过街天桥的设计

图 7-21 纽约高线公园

7.4　公共美化设施设计

公共美化设施包括城市中的特色花坛、景观灯、文化墙及雕塑的设计。这类设施分为两种，一种为纯装饰性设施，另一种是兼具装饰和实用性功能。装饰设施是城市公共设施中不可或缺的一部分，对于美化和装饰城市具有重要作用。

7.4.1　装饰设施

城市中的喷泉、小型雕塑、文化墙都属于装饰设施。这类设施的设计的关键在于形态，是否具有形态美是关键，要反映城市文化及环境特征，与所处环境要高度融合，在视觉上要综合考虑形态、材质及色彩美。（图 7-22）

图 7-22　船形喷泉设计

7.4.2　景观设施

景观设施主要包括景观绿化设施和景观照明设施。这些设施除了具有一定的美化效果，还具有实用功能。绿化设施主要包括生态树池、花坛的设计。设施的材质可选用木质，与环境更加融合。

景观照明设施要综合考虑造型与灯光效果。景观照明先要突出环境中的软质景观的特点，创造场景夜晚的新意境，又要强调道路照明设计，组织视线运动方向，最终结合场地的设计种类和具体形式，创造欣赏价值与实用价值相结合的照明设施。

根据不同照明要求和场景要求，以不同的照明形式来实现整个场景的照明气氛。如路灯、园灯、地灯、

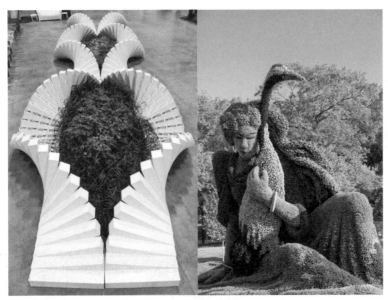

图7-23　景观花坛设计

图7-24　景观照明设计

装饰灯、喷泉灯、泛光灯等，以强调环境的特征为主，而削弱本身灯具的轮廓。例如绿化照明以汞灯、荧光灯等泛光灯照明方式为主；树木多以低置灯光和远处泛光结合的照明方式表现；灯柱的高度应考虑与树木高度的协调；灯具的亮度、宽度，光的照射方向等都要依据空间的构成需要而定等。（图7-23、图7-24）

练习思考题

设计几种不同材料的公共设施并介绍其结构造型的关系，最好能将其内容结构也一并介绍清楚。

第8章 公共设施设计的基本程序和思维方法

8.1 公共设施设计的基本程序

公共设施设计与产品设计、建筑设计等有着大致相仿的设计流程：

①最初的设计计划阶段。从资料的采集开始，通过对资料和信息的收集、分析、整理，制定出与之相匹的设计标准。

②结合设计师的经验、价值观和审美观的复杂思维活动形式设计方案。方案设计阶段是一个综合分析的过程，需经过多个方案的对比并进行商讨，接受使用者的意见或政府的批准等。

③设计的实地检测和制作。

④经验和教训，下一个设计标准的提高。

总体来说是为对各类资料信息进行收集整理；对所拥有的问题进行分析、处理，然后确定设计的方向；先进行概念设计，绘制出相应的草图，再绘制公共设施的规范制图从而用来实施以解决问题。也可以简单地说，整个程序就是一个"发现问题—解决问题"的过程。

8.1.1 环境的调查分析和公共设施的功能要求

具体表现在公共设施放置环境场地的调查；对公众使用者的调查研究；现状调查与总结分析。

（1）环境场地的调查

这一项工作包括景观方面、技术方面、心理方面（人的环境感受等）的内容。

环境场地的调查要依靠工具、借助技术手段和资料信息。对设计的设施放置的环境进行实地考察，具体通过对用地、人口、交通、环境结构、空间模式等有关信息和情况进行全面系统的调查分析。

（2）公众使用者的调查研究

对使用者在环境中的行为特点和使用需求进行全面而理性的研究。对公众使用者的调查方法，我们可以直接寻访，使设计者可以更好地了解大众的行为特点和使用需求及趋势。从而对此环境中的人们，依据环境行为学相应特点了解他们的生活方式、生活水平、生命周期、社会交往习惯、社会网络状态、个人偏好等，逐步认清他们对于整体环境和公共设施需求的具体要求。

（3）现状调查与总结分析

通过对公共设施所处环境的调查分析整理，可以使设计者能够更好地拿捏和确定设计方向。对于所收集的资料进行筛选，取可用性较强的部分。人们的考察总结及分析也不可能完完整整地描述好一个环境情况，所以我们需要学会如何进行调查总结和分析，调查总结和分析的范围应由我们的设计任务来确定。

①针对出现的问题进行调查总结分析：收集资料进行总结的范围限定在对解决问题有实际作用的信息

上，避免信息纷杂而带来注意力的分散。

②先做分析再调查总结：针对设计中要解决的问题，要先分析哪些信息是对设计起决定性作用的，然后通过文字或图纸来分析现场的特征。

③具有理性步骤的调查总结：设计的过程其实是一个不断把要解决的问题具体化的过程，所以在这个过程中我们可以进一步地确定需要的信息。

④感性的调查总结：现场的个人感受信息在设计者实际工作中也占有重要的位置，往往一个感性的总结分析就形成了自己设计的主要思路。

合理地调查和分析资料、信息为设计工作提供必要依据，可以使设计者在设计过程中省时、省力、有效率地构思和分析方案。

8.1.2 确定公共设施设计的定位

例如一个居住区的广场环境，广场的居住性质决定了它的功能，人们以此产生与之相对应的行为方式，该环境中产生什么样的公共设施就取决于多数人的行为方式，其设施的整体风格和大体的布局等也由此决定。根据不同环境中的人的活动需求来确定公共设施的功能、种类以及布局，这是确定公共设施类型定位的有效手段。

对于公共设施设计的定位需要从设计思想及设计方法这两个方向进行深入探讨。设计思想从设施使用者的使用功能需求开始，结合实用、经济、美观等实际制作的必备及限制要素；设计方法需对多个方案进行一定的比较、分析、淘汰、归纳并结合实际的实施可能性。设计定位的大体内容为：

①综合地考虑设施的结构和工艺可行性，以及造价和成本。

②考虑人机工程学和人体机能的要求，衡量和确定设施的形状、尺度、位置关系、色彩等表现手法。

③根据功能结构和形体的要求，确定设施的整体与布局、局部与细部的比例关系，寻求整体的结构美感。

总之，通过具体的设计方法来达到设施的功能、形式、技术三方面的统一。

8.1.3 单体公共设施设计

在进行单体公共设施设计时，依据以上定位内容，在满足根本功能需求的同时，关键要能够充分地认识设施本体各构成元素的材料特性、技术性和艺术性，最终使之与整体的环境元素和谐搭配。设计原则应是在设计每一个设施单体时都必须从如何健全场所内容的方面考虑。

如图 8-1、图 8-2 所示的景观标识在造型上具有简洁的形体，但在细节部位的材质使用上却是十分用心。镜面不锈钢材质本身的现代性体现了空间的现代感，而它的反射物理属性的应用是这个设施的最特别之处，反射的图像不仅呈现出设施本身的图案，而且又做到了与环境之间的相互映衬。

如图 8-3 所示的广场中的具有照明功能的景观设施，先是采用明亮的红色来突出本身和点缀环境，材料上体现出的现代感与现代建筑围合的广场空间保持一致；本身造型的特点取得了与后面背景建筑天际线一致的透视关系。单体设施与环境很协调。

如图 8-4 所示，将木桩作为灯具，从自然中提取素材融入设计中，突出公共设施设计的环境意识。

图 8-1　芝加哥云门　　　　　　　　　　　　　　图 8-2　芝加哥云门

图 8-3　Vallero 广场的路灯设计　　　　　　　　　　　　　　　　图 8-4　仿木地灯

8.1.4　组合类公共设施设计

在设计的开始阶段，需要注意设计的各部分处理与人们的生活习惯是否相结合、是否安全方便，能不能提供进行多种组合的能力，还有其与周围环境的相互作用、与环境的关系处理能力。多类型设施和环境的组合设计方案需要展现出一种连续的完整结构，所以能于设计中展现出下列四种特性，我们可以针对这些设计的特性对设计进行改进：

①连贯性：在环境中每一个设计元素之间互相影响的能力、进行有组织布置的能力。

②易识别性：在场地环境中可辨识性和设施功能的使用性。

③复杂性：如何安排环境要素的种类和数量。

④神秘性：其于所处环境空间中的内涵对大众的吸引程度。

如图 8-5 所示的座椅、地面铺装、景观灯三种设施类型组合成的环境景观要素，有效地利用了点、线、面、体的造型技巧，三者之间有机地联系在一起形成一个整体结构，在设计中突出了四性。

如图 8-6 所示展现的是道路的一部分。我们乍一看此图，甚至看不出有什么特别之处，只看到了类似桥造型的朴实的挡土矮墙，但是细部的设计却系统地体现了设计所提倡的生态观念。

图 8-5　景观座椅　　　　　　　　　　　　　图 8-6　生态矮墙

　　其实，单体或组合设施设计过程就是一个设计实现的阶段，它表现为草图构思的表达、结构分析、辅助表现、方案确定。

8.2　公共设施设计的创造性思维方法

　　思维，从广义上讲是人脑对客观事物的间接和概括的体现，以表象、概念做根基并进行梳理、辨别、判断等认识活动的过程。设计是需要思维的，设计本身就是一项创造性的活动。创造性思维是一个与创造力和直觉紧密联系的过程，是在抽象思维、形象思维、灵感思维等多种思维的基础上进行灵活思考和运用产生的。创造力是进行创造性思维并产生的结果，是将对目前的信息和能力进行原创性整理调节得到的结果以更形象的方式体现出来的能力。我们的设计过程就是创造性思维方法发挥的过程，创造力对于设计结果有着决定性作用。

　　我们的公共设施的设计阶段是产生问题直到解决问题的阶段，而产生问题与解决问题的方案设计过程是由我们的大脑思维决定的。设计师可以运用不同的方法来形成不同的方案。设计构思是产出设计的过程，创造也需要方方面面的知识作为后盾，具有创造力的构思必须从固有思维模式中走出来才能够得到更好的解决问题的方案，我们所创造出的设计产品才具有更新事物的价值。

　　在设计初期，人们是通过模糊思维和创造性思维来构思设计目标的；随之进入局部深入和细节刻画中期阶段，在形象思维和逻辑思维的作用下兼顾技术、结构和造型的知识，进一步确定设计方案的具体形式。在设计过程中，我们应以自己的身体体验和头脑去理性地寻找设计思路，遵循以感性的艺术表现让用户去感知和享受的原则。创造性思维作用下形成的"整体设计"是设计的基本规律。

我们要找到全新的创造性思维方法对各种设计问题进行处理，下列为四种较为常见的思维方法：

8.2.1　线性推理法

线性推理法是我们使用最多的方法，就是从问题分析处理到最后完成设计的线性的处理方法。这种处理方式需要具有较强的内在逻辑性，但是这种逻辑性的思维方式也不一定真实存在，而可能是设计师自己创造出来的。所以在设计阶段中"线性"出现"断裂"时，就需要设计者能够及时地从信息和资料中总结出设计理论来进行补救。如将设计构思的起端推到极限，或在非主流习惯、观念的目标上进行探索，就有可能形成新的构想从而产生新型的公共设施设计。

8.2.2　螺旋排除法

螺旋排除法先是对设计的方案提出些许不同的假设和猜想，然后根据建议去除部分设想，通过对这种方法的重复使用，从而达到螺旋运动的方式，使每一次得出的方案结果都有所改进。如将不同的使用功能或不同的信息元素有机地结合在一个设施上，就可能形成具有全新使用效果的设施。

8.2.3　形式归纳法

形式归纳法要先规划出明确的任务计划，在此条件下尽最大可能地运用创造力，虽然系统性有所欠缺，但是这种方法却极为实用。如确定采用仿生的设计方式，在结合设施的功能的先决条件下，对设计的形状、色彩、材质等做一个统一的整理而产生一定的方案。

8.2.4　积攒协调法

积攒协调法设计思路是经过多次的增添或删减整合，达到统一各个部分设想的结果。这种方法要注意在多个变体的面前要仔细筛选，不忽视整个的设想，通常实施前提是要有明确的思路和丰富的经验。

当设计要求相仿时，如果运用不同的思维方法，可能会有不同的设计结果；当设计要求不同时，依据现存的条件对思维方法进行选择。设计阶段对多种思维方法同时运用，我们可以根据自己的思维意识来找到与自己匹配的设计方法。

练习思考题

1.依据本章所讲授的设计基本程序,自选一种环境中的公共设施,以其为例,展开整个的详细程序分析,结合图文完成报告。

2.结合本章所列举的典型思维方法,确定设施设计类型,分别对应不同思维方法做出四种不同方案结果,比较并分析思维方法的作用。

第 9 章　公共艺术与公共设施的发展

9.1.1　当代公共艺术的反思

随着中国城镇化建设如火如荼地进行，公共艺术开始崭露头角并且取得了长足的进步，在某些城市，公共艺术甚至成为城市的标志符号，为市民所共同接受。通过公共艺术的形式挖掘城市历史文化，并与人民的需要结合，不但彰显了城市的魅力，也创造了具有亲和力的公共环境。

讲到中国现今的公共艺术，我们看到的往往是负面的评论，建设大跃进、规划性的破坏、城市文脉断裂、审美缺失、雕塑公害、城市美化运动……还有土地、人口、生态压力以及经济发展的制约。出现在中国经济转型期的公共艺术往往不仅不是公共精神的体现，反而是在经济模式的表象下对公众权利的剥夺。公众不仅对于公共艺术作品放置的地点没有发言权，对于购买艺术品（公共雕塑）的资金（纳税人的钱）也没有过问的权利。有资料显示，目前中国的城市雕塑有百分之七十是"伪劣产品"，一边是市民公共意识的觉醒呼唤公共艺术，另一边是艺术家在经济利益的驱使之下，使代表公众意识的艺术难有一席之地，使中国现阶段的公共艺术站在两难的十字路口。

有学者从政治学的角度剖析了公共艺术意识形态，认为应将"公共空间的政治诉求"作为"公共艺术的基础之一"。因为"公共艺术在中国的可能性，在于它必须面对公共性、公民权利、权利规则、社区政治等当代社会的政治学问题"。（图9-1）

图 9-1　有地域传统文化特色的防城港公共艺术

广州被誉为"羊城"来自于这个无人不知无人不晓的越秀公园的"五羊"雕塑（图9-2）。大连、青岛等城市区别于其他城市也因为公共艺术让城市有了越来越鲜明的特征，也得益于通过公共艺术的形式挖掘城市历史文化，并与人们的需要结合，不但彰显了城市的魅力，也创造了具有亲和力、降低视角、能与市民平视的公共环境。大连的星海广场节假日无不人头攒动，比起某些"假、大、空"的市政广场，它无疑是亲民的，其中公共艺术起了推波助澜的作用。这些城市的做法值得我们学习和借鉴。在公共艺术在我国刚刚起步，甚至还未起步之时，就树立起规范和良性的运行机制，改变尴尬的现状，让公共艺术成为斑斓的城市生活的点睛之笔。（图9-3、图9-4）

图9-3　大连星海广场纪念雕塑

图9-2　成为广州市象征的越秀公园的"五羊雕塑"　　　　图9-4　青岛奥帆基地入口的标志

　　公共艺术不仅从显性维度改变社会发展的思路，为生活带给更多的便利和丰富，更在隐性维度改变社会的气质，净化着生活其间的公众精神与魂灵。每一件公共艺术作品从形式到内容虽表征不同，但均与当地的自然、人文元素交融，形成一种可持续的"自我生长"机制，艺术品不是置入环境中的"死水"，而是地区不断实现诗意生活的"活源"。同时，公共艺术根植于当下，却能以其扎实的"当地基础"启迪未来。这种启示给予地区全新的发展观念，并艺术性地唤起被压抑和遗失的人文情怀，从长远塑造出区域前进的不竭动力。

　　公共艺术充分表达了开放性与参与性的时代特性，体现出开放、共享、交流的价值观和精神性。它发自公众需求，在改进环境的同时，提升公众的生活品质和精神境界，更营造出一种持久的人文情怀。

　　（1）公共艺术品的征集

　　公共艺术品之取得方式至少有四种：公开征集；邀请征件；邀请创作；直接购买艺术品。公开征集能宣传公共艺术设置的消息，引起市民的关注，广大艺术家及各类设计者参与，但是由于公众的审美鉴赏水平与本地的历史文化差异，公开征集的公共艺术品有可能和最先预期的作品南辕北辙。邀请之前需要有专业的执行单位先进行分析，针对设置主题深入企划，是一种相对而言不浪费资源的做法，但是成熟的执行单位目前可遇不可求。邀请创作需要有更明确的主题，且必须深知艺术家的特质，才能有顺利的委托与完善的成果。不管采用那种征集方式，原则都是要突出公共艺术的公共性。

作品征集完成后，公共艺术的评审机构的评审是对公共艺术质量进行把关，国外通常是由社会人士组成的公共艺术委员会。评审机构从事项目的确立、作者选择、作品审查等工作，都应依照相关法令进行。由评审委员会决定公共艺术作品的设置，需注意把好艺术品的质量关，还要全面考虑，比如作品是否符合法令，建筑结构是否安全，所选的主题内容和形式是否能为大众接受，图像需要传统还是现代，材料价格是否超过预算等等。接下来就是要有公正的评选，作品评审要真正从为公众服务出发，不唯权威。

（2）鼓励公众的参与

公共艺术的价值在互动中产生，要结合"艺术介入"和"大众共享"双重要素。如果作品不能被大众感知，理解和分享，公共艺术中的美是不存在的。其中，社会议题、趣味性、可亲性和融入性是建立起艺术与大众互动的基础。社会性议题是指大众关心的问题，这些问题可能是临时性的（如住房、医疗、教育），也可以是有长久意义的（如安全、富足、环保）。趣味性可拉近作品和大众的心理距离，在当代诙谐幽默的艺术最容易受到大众的青睐。可亲性能增加作品化公共性程度。可亲性的主要标志是可以触摸，如巴赛罗纳公园雕塑"艾利斯的猫"（图9-5）。融入性就是改变观者和观赏对象的关系，让大众走进作品之中，成为作品的组成部分。这就意味着在创作中要把观众作为主题或者形式元素加以考虑。

（3）创作要注重平民价值

人皆会被美的事物吸引，自然界万物所展现的美，不论观者的文化水平如何都能很好地与人产生共鸣。无论我们承认与否，艺术都在我们的平常生

图9-5 巴塞罗那希乌塔戴拉公园中由费尔南多设计的"艾利斯的猫"

活中存在，与普通大众发生着千丝万缕的关系，为人们所需要。

当代的艺术作品总有意无意地忽略大众的需求，不是具有强烈政治目的的高谈阔论，就是曲高和寡的晦涩艺术符号，都难以为大众所接受。美国艺术家苏珊·蕾西认为："公共艺术历史的建构不是在作材料、空间或艺术媒介的类型研究，而是以观众、关系、沟通和政治意图等想法为主"。这就是说公共艺术以与大众交流为核心价值，而在这种交流中，理解内容远比识别符号更有意义，普通大众的接受和理解才是作品是否有价值的评判标准（图9-6）。尤其是在中国，艺术的曲高和寡，使得艺术离公众很远。而公共艺术是大众生活中的一种传达媒介，大众审美所需，平民生活所系，就是公共艺术的创作方向，在我们强调城市文脉的今天，更该以艺术的手法向普通公众寻求解决的办法。

图9-6　"Mi Casa-Your Casa"（我的家，你的房子），是一个交互式设计装置

（4）公共艺术是社会的工作

　　在当代，公共艺术不仅能够美化环境、娱乐大众、推动经济发展、促进社会和谐，还有教育公众、传播大众文化和提升全民审美水平的目的。公共艺术是社会之事、制度之事、公共之事、民众之事。比如《九一八纪念碑》（图9-7）提醒人们不忘历史，潘鹤创作的《珠海渔女》（图9-8）在建设之初便是珠海城市规划的一部分。公共艺术的设计、设置和维护都与社会有密切的关系，甚至就是现实社会活动的一部分。作为社会工作的一部分，公共艺术有维护社群利益的责任，表达某一特定社群的公共意志，或者作为承载文明的媒介出现，遵从大众的需求，从实际出发，先公共，后艺术；先大众，后专家，才是公共艺术良性发展之道。

图 9-7 《九一八纪念碑》

图 9-8 《珠海渔女》

9.1.2 "地方重塑"——城市公共艺术与设施发展的新目标

公共艺术与公共设施不仅是为了美化空间，更应该能够"重塑"空间面貌，并提升特定空间中人的精神风貌。基于公共艺术倡导的开放、互动和参与理念，因此，"地方重塑"更多地在于思考内在的人文关怀。如何用艺术方式慰藉地方百姓在熙攘尘世中"摸爬滚打"的心灵，如何以艺术规律重塑一个地区未来发展的愿景和希冀，如何运用艺术逻辑启示一个地区民众的独特的价值体系……这些都是"地方重塑"所承载的理想。

正是缘于这些特质，在城市与乡村面临发展、遭遇困境之际，与公共艺术和"地方塑造"相遇是历史的必然，也为中国新型城镇化建设瓶颈的突破创造可能。同时，城镇化进程也为公共艺术开拓了一个新的成长、发展领域。

（1）公共艺术与设施地方重塑的维度

①关注社会民生

关注社会公共问题是公共艺术与生俱来的使命。而对生态、民生以及社会发展等问题的关怀，使得公共艺术的创作方式从视觉艺术向外延伸，庆典、礼仪等社会活动都可以成为公共艺术的呈现方式。由此，参与性、互动性、多样性和地域性成为公共艺术的除了公共性这一核心价值外的重要特质，丰富的社会性意义随之产生。

中国学者李公明注意到 20 世纪 90 年代末中国艺术出现的"社会学转向"："艺术家的视界从艺术内部问题扩展到艺术与社会的广阔领域，如我们近年来在许多国际双年展、文献展所看到的那样，战争、饥饿、艾滋病、种族身份、地缘政治、弱势群体、全球化影响下的地方发展等社会问题成为社会关注的焦点。"因此，公共艺术家首先更应该是一个社会学家。

如"萨尔瓦多壁画项目"（Salvador Mural Project），其全长 350 英尺，其中六座壁画有 8 英尺高，画在城市的多面墙上，在巴卡的团队以及周边社区的热心成员的协助下共同完成。社区的居民最大限度地参与了该项目的方方面面，他们也由此得到一次宝贵的自由表达意见的机会。壁画体现了对社会问题的关注，没有任何明显的政治派别意识，最终的设计展示给整个社区以获得认可。艺术家力图包容各种观念，通过共同协商达成一致。

图 9-9　萨尔瓦多壁画项目

　　壁画表达了对诸多社会问题的关注，其中一个重要主题是环境问题，包括附近咖啡种植园喷洒农药导致的水质污染、烹饪用的木材也饱受农药污染、产生的烟雾导致心肺疾病等；另一个问题是儿童保护，许多儿童因被迫到咖啡园打工而辍学；关于土著身份的问题也有大量篇幅的描绘；另一个有争议的主题是男女平等，该地区 80% 的女性遭受家庭暴力，对于妇女及其家庭的正当和不正当行为的画面也穿插在壁画中。因此，这个项目吸引了中南美洲的许多壁画艺术家，成为中南美洲和萨尔瓦多公共艺术状况的一场大众讨论。

　　由上述案例可见，"地方重塑"将艺术引入大众日常生活，引导大众重新认识、界定自己的生存环境，赋予地方建设以更大的开放性。加入艺术元素的社区环境生发出一种双向机制：日常生活既因为艺术的到来而获得新的层级结构和发展潜质，导致新的文化价值思考；同时，生活中的许多元素又会对艺术的存在方式及发生逻辑产生冲撞，从而启示出更加具有社会属性和公众意义的艺术样式，在交叉中使艺术类型更加多元化并产生新的动力。

　　"地方重塑"激发当地人民改变环境、提高生活品质的主动性，只有源于地方自身的创造才具有生命力，才能真正改变环境、提高生活品质、改变人的精神风貌。

　　②引导社区重建

　　"地方重塑"的理念注重社区改造，长于营造人文情怀，长期实现公共艺术与城市实际功能的结合。不再简单地执迷于制作技术和艺术风格，而是强调从不同角度关注和诠释公众生活与地域文化，参与区域建设、重塑地方文化，其独特之处在于将公共空间、文化心理、价值观念的阐释紧密融合，体现人的主体意识与主体精神，从而实现公共文化的价值理想。

　　公共艺术活动的难度不在于创作，而在于如何融入社区。因而，一方面，"地方塑造"需以区域文化生态研究为基础。区域文化生态研究对公共艺术与城市规划、建筑设计、社区文化建设、景观环境设计以及城市生态维护的关系所做的深度解读，使公共艺术建设与社会经济文化发展形成有序的逻辑和互动关系。这既是了解一个地区的重要资源，也为今后制定地区可持续发展方略提供借鉴和启示。

　　另一方面，艺术作品以往只出现在美术馆和博物馆，只接受专业人士的批评，一旦进入公共空间，便意味着进入了公众视野，接受公众的评判。美术馆和博物馆的观众是有特定文化追求的人群，他们有主动接受的意向，一般在参观之前就对作品有一定的了解，会试图去思考和理解作品。即使最不具有公共性的艺术作品，放置在美术馆里也能为观众所接受。而公共空间是属于普通市民的，公共空间里的艺术自然是为市民而作的艺术，因而对公众的尊重（包括邀请公众参与），考虑他们对艺术的接受程度是公共艺术能否融入社区的关键，应当放在首位。

图 9-10　宝藏岩国际艺术村

图 9-11　宝藏岩国际艺术村艺术节

　　如中国台湾宝藏岩国际艺术村，其历史聚落始于日本殖民统治末期，是由不同时代的不同文化及不同族群，有机地"拼凑"与"组装"而成的隐世之地。20 世纪 80 年代的现代化经济变迁以来，城乡移民等弱势群体陆续迁入。经过长期自力建造，聚落规模逐步扩大，形成成熟绵密的生活网络及互助合作的生活方式。其地景的特殊性推动了一系列聚落保沪活动，被赋予文化机能，重新纳入城市板块。引入"艺术驻地"与"青年会所"创意，希冀"宝藏家园"、"宝藏岩国际艺术村"及"国际青年会所"三大计划，结合"生

产、生活、生态"，以"共生"精神让历史建筑得以转化为聚落活化的形态保存下来。（图 9-10、图 9-11）

③人文地方性和生态地方性

生态地方性主要是指地域的生态环境（如气候条件、地形地貌、地方材料等）和地域相关技术（如建筑构造、装饰设计等），是决定或影响地域建筑生成发展的物质形态，具有"此时此地"的空间和地点属性。

人文地方性包括地域社会的组织结构、意识形态、文化模式和价值取向。传承了地方文脉，标志着地域的文化特质，是地区地理景观中最具代表性的人文形态，决定着人的生活方式，并影响传统民居的形态和气质。

文化自形成之日起就是不断发展的，宛如一条生生不息的河流，永远在延续、创新的过程中，地方文化也是如此。世界各地皆有历史传承下来的多种多样的文化形态，绮炫而瑰丽。丰富各异的特点显示了文化是许多因素相互作用和影响的结果，民族、文化、传统等因素在不同时域，时而突出彼，时而突出此。说明多种形式的地方性文化是一个复杂现象，无单一理由可以解释清楚。社会的人文形态包括宗教信仰、家族组织、社会关系、民族性格、世界观和社会习俗风气等，文化即是一个民族的传统活动观念和制度的整体。

以城市为例，人们常说城市是文化的橱窗，它生动形象地说明了人类的活动。建筑物和建筑群是它的文字、符号、语言和辞章。随着时代变化它也在不断更换，但城镇的组织、街区的结构、个体文物建筑都被遗存下来，这就是文化的积淀。而积淀物通过其空间组织、结构体系、色彩比例、材料、视觉等表达出它们具有文化特质的地方性。

如秦皇岛市汤河公园位于中国著名滨海旅游城市秦皇岛市区西部，坐落于汤河东岸，长约 1 公里，总面积约 20 公顷。场地自然禀赋良好，水位稳定，水质清澈，两岸植被茂密，但部分河岸坍塌严重。具有城郊接合部的典型特征，"脏乱差"的人为环境已经开始威胁水源卫生；大部分遗留构筑物破损、陈旧或废弃。用途比较复杂，存在安全隐患，可达性差。基于场地情况，结合城市居民的功能需求，设计首先保护和完善一个蓝色和绿色基底。严格保护原有水域和湿地，严格保护现有植被设计，避免河道的硬化，保持原河道的自然形态、对局部塌方河岸，采用生物护堤措施，在此基础上丰富乡土物种，包括增加水生和湿生植物，形成一个乡土植被的绿色基底。其次，建立连续的自行车和步行系统。沿河两岸都有自行车道和步行道，并与城市道路系统相联系，增强场地的安全性与可达性。第三，设计一条融合座椅、照明、植物展示和解说系统为一体的"红飘带"——绵延于东岸林中的线性景观元素。（图 9-12）

图 9-12　汤河公园"红飘带"

　　"红飘带"绵延500多米，是由玻璃钢构成的空心立方体，曲折蜿蜒，随地形和树木的存在而发生宽度和线型的变化：红飘带分布有5个节点，分别以各种草为主题，包括狼尾草、须芒草、大油芒、芦苇、白茅。每个节点都有一个如"云"的天棚，网架上的局部遮挡，有虚实变化，具有遮阴、挡雨的功能。夜间整个棚架发出点点星光，有温馨的童话氛围；地上铺装呼应天棚的投影；在这天与地之间是人的活动和休息空间和专类植物的展示空间。（图9-13）

图9-13　秦皇岛"红飘带"

　　汤河红飘带案例展示了城市绿地建设中，利用原有场地资源，用最少的设计、最少的干预创造一个真正节约的城市绿地，不仅为居民提供最优质的生态服务，也让场地发生巨大变化。它整合了漫步、环境解释系统、乡土植物标本种植、灯光等功能和设施需要，让绿色环境达到最大限度。红飘带与木栈道结合，可以作为座椅；与灯光结合，成为照明设施；与种植台结合，成为植物标本展示廊；与解说系统结合，成为科普展示廊；与标识系统相结合，成为一条指示线。绵延的红飘带上分布多个以乡土野草为主、可供停驻与活动的节点，野草与场地的自然保留，使公园的维护达到最少，充分体现低碳设计与低碳美学的平衡。

　　（2）公共艺术与设施地方重塑的多重含义

　　①认同与再造："地方重塑"的文化学意义

　　公共艺术是文化认同的载体，一方面以艺术的形式表达群体的文化本质，另一方面公众又以艺术为手段形成文化认同。在"地方重塑"的过程中，公共艺术对地区的介入，就文化学意义而言，正是一种认同与再造的结合。从根本上说，文化是一种在特定的地理、历史、经济、政治条件中形成的生活方式。因此，从这个意义上看文化，很难说有高级文化或低级文化的差异，或者说有好的文化和坏的文化的区别，有的只是文化自觉程度的高低。只有具备较高的自觉与反思能力，才能产生从文化到艺术的创造冲动，从而拓展创造力与想象力的空间。这是一个文化根源和文化认同的探索过程，地域生活的美学品位和地域文化的思想内涵由此萌芽、发展并成型，这正是"地方重塑"所承载的文化认同使命。强调文化的异质性，文化认同也是推进地方发展的驱动力。

　　如河南商丘市最著名的地标就是用钢材焊接的高十几米的巨大"商"字，红色的钢结构轮廓即使在阴天也能从远处吸引人的视觉。（图9-14）

图 9-14　《玄鸟生商》

　　"地方重塑"作为文化认同的重要载体，要在这个过程中激发艺术家和当地民众的想象力和创造力，引导思考的过程和目的朝向提升文化自觉的方向发展，从司空见惯的民俗中提炼出体现地方特点、反映地方文化的当代文化形式，构成认知的文化符号，以此凝聚地方发展的文化向心力。

　　②生长与互动：地方重塑的社会学意义

　　地方塑造的理念要求公共艺术家首先是一个社会学家，必须深入地域，对这一地区的文化生态链做出详尽、细致的考察，综合自然、人文等众多因素，在尊重当地生态系统的前提下，提出相契合的区域系统再造方案。经过这样的尝试，公共艺术将对地区重建提出长久、健康的发展指南。公共艺术设计方案对地区整体生态状况负责，与当地自然、人文因素密切呼应，最终呈现出一个历时性的文化生态改造工程。

　　公共艺术对于地区的建构就不仅是一件艺术品或一种艺术现象、艺术方式进入当地，内在的生长潜力会让其自然地融入地区生态的每一个元素当中，在不断交互的过程里，催生出鲜活的良性生长机制。在这个新机制里，地区的艺术潜力被逐渐激活，地区的发展面貌将呈现出更加灵活、开放的趋势。因此，公共艺术以创造性的方式改善当地居民的生活与生态环境，重塑地域的内在气质和风貌。"地方重塑"留给地区的不是单纯的艺术品，而是一个活的成长基因。

　　社会学研究的重心很大一部分被放在现代性社会中的各种生活实态，或是当代社会如何形成演进以至今日的过程，不但注重描述现况，也不忽略社会变迁。社会学的研究对象范围广泛，小到几个人面对面的日常互动，大到全球化的社会趋势及潮流。家庭、各式各样的组织、企业工厂等经济体、城市、市场、政党、国家、文化、媒体等都是社会学研究的对象，而这些研究对象的共通点是一些具有社会性的社会事实。

如《在我死之前》(Before I Die) 是美籍华裔艺术家凯蒂 · 张 (Candy Chang) 的一件行为装置。她将自家附近一所被废弃的房子侧面漆成一副大黑板，在上面写了一个再简单不过的填空题："在我死之前，我想要——"她向每个过路人提出这一心灵的追问，并留下若干支粉笔，以供路人在上面写出回答。做该项目的念头源于她在短短几个月的时间里失去深爱的朋友后思考了许多关于死亡的问题。为了提醒周围朋友在有限的人生中早知道什么是真正重要的，她在那几个月里深刻意识到人生的短暂和脆弱，任何事情都不该拖延。在这个意义上，她做得很到位，作品和公众之间没有围墙，任何人都可以随自己的意愿参与其中，没有丝毫刻意，甚至不必想到这是"艺术"。这个项目意在创造一个沉思的公共空间，让许多人产生共鸣。显示了如果大家有机会写出自己的心声并与他人分享，那么我们思想的公共空间就会变得更加强大。（图9-15）

图 9-15　《在我死之前》行为装置

③介入与优化："地方重塑"的生态学意义

由于与人类生存与发展的紧密相关而产生了多个生态学的研究热点，如生物多样性研究、可持续发展研究等。同时，面对环境、气候、资源、人口等现实问题的严峻挑战，生态学的概念和范畴被进一步衍生到更为宏观的层面，人类的生活、生产、消费、交往等也被纳入视野，将人类作为自然界不可分割的一部分来认知和研究。"地方塑造"所涉及的"自然生态"和"人文生态"，将生态学作为一个广义的概念来加以认知。因为从生态学的角度看，"地方塑造"是优化"自然生态"和"人文生态"的必要介入。

"自然生态"是指存在于人类社会周围对人类生存和发展产生直接或间接影响的各种天然形成的物质和能量的总体，是自然界中的生物群体和一定空间环境共同组成的具有一定结构和功能的综合体，以及在一定空间和时间范围内依靠生物及其环境本身的自我调节来维持相对稳定的生态系统。

"地方重塑"的一个重要理念就是倡导植根当地的自然环境，本身就是一件自然生态作品。在这个过程中，公共艺术不仅仅供人们去欣赏和触动，而是实实在在地介入地方的自然之中，成为当地整体生态的有机组成部分，起到改善自然生态的积极意义。从这一意义出发，"地方重塑"改变了区域的面貌，释放出超越艺术学科内涵的、更具现实色彩的能量。

如《无声的进化》（ The Silent Evolution) 是英国艺术家杰森 - 德凯尔 · 泰勒 (Jason de Caires Taylor) 的作品，也是世界上规模最大的水下人工构筑物，位于墨西哥坎昆海洋公园。这是一件极富想象力的作品，由四百多个与真人等大的人物雕塑组成。雕塑原型来自墨西哥及全球社会各阶层的人物，其精致的细节具有强烈吸引力。雕塑由中性酸碱度的水泥制成，这种生态混凝土为海洋生物营造了一个盘踞和栖居的环境，从而为自然珊瑚礁减轻生存压力。据墨西哥旅游局统计，每年有近75万游客来这里潜水。因此，作品在壮观地把公共艺术和生态主题融合起来之际，也吸引附近给自然珊瑚礁带来巨大压力的游客。雕塑的形状和颜色因水深和观察者的位置而有所差别，时刻变动的水流也会改变人们观察到的景象。水下雕塑没有墙壁的阻隔，没有博物馆的灯光，参观者可以通过潜水和乘坐水下游船来欣赏。在浮力的感觉下，从不同角度观看，都会带来特殊的感觉，并且驱使人们进行理性的认识。（图9-16）

图9-16　《无声的进化》

　　"人文生态"所包含的内容主要是由构成人类文化系统的各方面要素以及这些要素相互作用所形成的社会关系。因此，人文生态是一个比自然生态更为复杂的系统。不仅涵盖了人类发展进程中的历史文化积淀，以及所形成的相应传统文化、道德观念和价值尺度，也包括人的科学文化素质。同时，在与外界的交流过程中所遇到的不同文化的相互融合，也构成人文生态的重要组成部分。

　　"地方重塑"的整个项目过程应当十分关注地域人文生态信息，不仅要体现特定区域的形貌特征和历史文脉，更要从精神层面体现当地民众的气质特征和文化传承。由于人文生态侧重于人与社会的直接关系，向人提供健康的精神性的心理需求。因此，"地方重塑"理念指引下的公共艺术，在首先契合一个地区原本存在的人文生态之时，也通过自身独特的方式方法，优化区域的人文气候。

　　如《2501个移民》（2501 Migrants)是一组表现家乡人口变迁的雕塑群。在墨西哥，移民是个经常被讨论的大话题。每年都有无数人背井离乡，不顾一切地到外面的世界去寻找更好的工作和生活。作者本人也经历过风雨飘摇的移民生活，他在9岁之际随父亲离开家乡。后来他成长为一位职业画家，依然往返于欧洲和美国之间。当他回到故乡时，发现那里只剩下越来越少的老人、妇女和儿童。家乡人口大量流失的现象使他深感震惊，他由此决定以塑造真人尺寸的陶俑的形式，以填补出走的乡亲并反思这一现象。他统计了家乡的移民人数，包括他自己在内总共是2500人。他的女儿出生在作品制作期间，使总数又增加了一个，即 2501 个。

陶俑由粉红色黏土烧制，他以非写实的夸张手法，赋予每尊塑像以不同的体貌特征，逐一制作纹理、着色，并使用各种标志性元素，如面具、头盖骨、木棍和骨头等，使之具有强大的生命力。陶俑虽然都是站立姿势，但不同的细节体现出各自不同的人生经历。冷漠的神情流露出前途的不确定性所造成的心理压力，不规则的躯体造型无言地诉说着他们在旅途中所遭受的身体和情感上的冲击，作者以最直观的语言表达出移民在他们所向往的生活途中所遭遇的所有苦难。这些塑像曾被放置在美国与墨西哥的边境线上，遥望南方，那是他们家乡的方向，透露出震撼人心的气息。（图 9-17）

图 9-17　《2501 个移民》雕塑群

9.2 当代公共艺术与公共设施的转型与发展

9.2.1 新媒体、新技术的公共艺术

从抽象表现再到今天的数字化艺术的出现，再到展出时间的灵活性，都体现出公共艺术对受众需求的考虑，诞生于计算机时代的数字公共艺术创造公共艺术新契机与新的审美形式，诸如智能建筑、互动装置、灯光光景、水景喷泉等。未来公共艺术会更加注重科技的支撑，数字公共艺术所拥有的"虚拟现实"、"智能交互""远程遥感"等数字技术不同于传统静态公共艺术。这也是公共艺术设施在未来转型的一个方向，即多媒体互动性的公共艺术与设施。

数字公共艺术属于造型艺术的范畴，它与传统的公共艺术的区别在于，表现方式和表现手段借助数字技术才能够实现，"动态表现"、"人机互动"、"虚拟现实"、"遥在"等方面的属性是其最显著的特征。对场所、空间有关的数字公共艺术常见的有互动装置艺术、多媒体艺术、新媒体艺术、影像艺术、光电艺术、水体艺术、焰火艺术等领域。运用了数字技术去表现特定的公共景观、大型文体开幕式表演、数控水景艺术、数字装置艺术、数字动态装置等这类运用数字科技所呈现的艺术形式。数字公共艺术不受室内外公共"场所"的限制。数字公共艺术的一个显著特征是异质混合空间，即不同类型的公共艺术并置于同一个场所而呈现出来的异质混合空间，以真实的现实场所架构为基础，综合虚拟现实空间、音响空间、遥在空间等不同的空间形式为表征的多种类艺术，混合介入同一空间"场所"中，使多形式的数字艺术处在共存互动环境中，其主要类型有镜像反映、电脑绘画、数字影像复制空间、网络空间、音响空间等。 如 2004 年雅典奥运会

（图9-18）、2010年广州亚运会等，都利用水、冰面反射，镜像出大海、太空、人物等景象。美国艺术家Mark HanSen和Ben Rubin的装置艺术作品《倾听译站》，以网络信息为内容，利用网络来收集全世界不同场所网络聊天者的声音和文本，截取网络聊天室内容，再由"场"中的音响传出，在一个网络空间里营造了一个虚拟现实聚众聊天的"场所"（图9-19）。音响不同于视觉造型艺术，但是可以帮助视像强化三维空间，反过来视像也可以通过数字图像来增强音响的想象空间，所以视像、音响同步也是公共艺术发展的必然趋势。如音像装置艺术《谁需要一颗心》，作者用富有特色的密集声音设计这个故事，使音效与图像一起运作，通过反复与多节奏的形成，标记出意义的传播与人的离散。音响介入空间能够创造出更好的空间效果。

图9-18　2004年雅典奥运会开幕式中的人造大海

图9-19　倾听译站（Listening Post）

数字公共艺术还有一种类型是数字光影艺术，其具有内在的智能可控、多向选择的艺术特性。数字光影艺术由激光艺术和灯光艺术组成，具有智能远程的动态性，其色彩、图形可以随心所欲地变化，不仅可以在二维的空间中增加美感，还可以在三维甚至四维空间中表现出诗意般的美感和效果。其主要分为激光投影艺术、光影装置艺术和光影雕塑。激光投影技术的原理在于借助建筑、景观灯等现实实物作为光的投影媒介，使真实实物与虚拟影像无缝对接，此类艺术使用的是数字激光技术混合立体音效，使观众能够全方位感受视听效果，其技术常用于节日庆典、开幕式等活动领域。如上海 2014 跨年倒计时大型 4D 灯光秀，是以上海海关大楼为屏幕，利用影像技术与观众实现互动（图 9-20）。光影装置艺术是运用发光二极管 LED 设计的光影艺术造型，如布鲁斯·蒙罗为美国宾夕法尼亚州伍德花园做的"光场"公共装置设计，将现代光艺术与园林景观巧妙地结合在一起，表达了城市生态美的概念（图 9-21）。光影雕塑则是利用 LED 装饰建筑表皮，使光色变化与主体造型统一，以此形成光影雕塑。

图 9-20　上海跨年倒计时大型 4D 灯

图 9-21　布鲁斯·蒙罗美国宾夕法尼亚州伍德花园做的"光场"

9.2.2 环保和生态化的公共艺术

随着全球变暖、环境污染等问题的突出，绿色环保设施是设计的主流趋势，通过公共艺术与设施的艺术形式，可以呼吁人们的环保意识。生态环保的公共艺术作为促进人们对生态环境的思考与认识的有效手段之一，有助于大众的环境教育。如英国艺术家西蒙·斯塔林的作品《篷船篷》将一座纯木板建造的小木屋拆卸，然后用小木屋建造了一艘小木船，他亲自划着船带着剩下的木板沿着莱茵河畔往下，一直划到瑞士巴塞尔美术馆，最后把木船拆了再恢复成小木屋呈现给观众（图9-22）。作品表达了一艘船能够自给自足生活地穿行在现代的环境中，而并不会破坏环境。

图9-22 英国艺术家西蒙·斯塔林《篷船篷》

现代公共艺术与设施设计中尽量利用城市生态文化和人文背景等元素，结合生态环保材料和艺术造型手段表现作品的主题，艺术家和设计师利用工业及生活废弃物，如废弃的旧轮胎（图9-23）、旧钢板（图9-24）、金属零件，废弃的塑料品、建筑碎石等作为雕塑或公共设施的材料，变废为宝，打造成美化环境的公共艺术和设施，创作核心要遵循自然规律，创造高质量的有地域性和时代感的公共艺术品。

图9-23 废弃的旧轮胎

图9-24 旧钢板

如图9-25所示是一款城市绿色座椅，城市中水泥混凝土的结构往往给人沉重感，几乎喘不过气，设计师Ewelina Madalińska的这款座椅设计希望可以给城市增加一点绿色。这款座椅除了座位，还增加了一个花坛，就像是将城市的绿色植被模块化，分布在这些小花坛中。座椅采用木质，制成结构为混凝土，高矮不同的座椅可以有不同的使用方式。

图 9-25　城市绿色座椅

9.2.3 人性化的公共艺术与公共设施

　　公共艺术与设施在满足人们实际需求的同时，越来越注重人性化的发展，其布置的位置、方式、数量更加考虑人们的行为特点和心理需求。公共设施的人性化主要体现在：设施功能的人性化；设施材料的人性化；设施的环保性；对人们生活方式的影响。如何更好地进行人性化设计，首先要求设计师具有人文关怀的精神，如关注弱势群体的需要，关注残疾人的需要等。其次，要求设计师熟练掌握人机工学等理论，并能运用到实践中去。再次，要求设计师具有一定的美学知识，具有审美的眼光，通过造型、色彩、材料、工艺等因素，进行方案构思与创作，满足人们的审美需求。公共设施是城市景观中重要的一部分，它所起的作用除了使用功能以外还要体现装饰性和造型美感。公共设施的细部设计更加符合人体尺度的要求，一些过街天桥设置残疾人使用的电梯，饮水设施充分考虑人体尺度和使用人体的特点，遍布商业区、公园等公共空间。如图 9-26 所示公共设施，利用广告牌与座椅相结合，充分地利用了空间。

图 9-26　广告牌与座椅相结合

人文因素和地域文化是人性化设计的重要部分，在设计中，要全面了解传统文化特征、行为习惯、文化差异，体现出一种多元化的人文氛围。如北京地铁站公共艺术设计体现了传统文化与地域特点，让人们产生文化归属感与认同感。6号线东大桥站壁画（图3-35）是一组反腐题材的壁画作品，该站地处东大桥繁华的商业区，同时也紧邻具有悠久历史的道教寺观东岳庙，在设计壁画时选取了东岳庙具有典型意义的形象符号，如牌楼、山门、钟鼓楼、大寿槐、机灵鬼、透亮碑儿、玉马、铜特、铁算盘等，目的是突出地域特征，具有浓厚京味的庙会民俗，如扭秧歌、小车会、跑旱船、踩高跷等内容，表现了人们对美好生活的向往。

每个地方有不同的文化氛围，通过公共艺术和公共设施的形态、色彩、文化因素，形成与城市环境的相辅相成。随着社会的发展，人们对环境美观的要求越来越高，公共艺术与设施的人性化设计不仅给人们的生活带来便捷，也会提高人们在环境中的舒适度，使人们的精神得到放松。如图9-27所示是14号线望京站的公共艺术作品，作品都选择了都市休闲生活题材作为创作元素。乘坐着旅行箱、手拿气球翱翔在蓝天中的小女孩，乘坐着热气球追寻太空梦想的小男孩，这一切一切的奇思妙想，看似离我们很遥远，但这些画面又那么熟悉，那么亲切，仿佛是我们儿时的梦想，也仿佛是我们都市生活的憧憬。作者意在用这种轻松的主题褪去人们在都市生活中的压力与疲惫。所以，展望公共艺术及设施设计的未来，设计师要以创建科学、美观、人性化、完善的设施环境为理想目标，使用现代化的技术和手段进行设计。

图9-27 14号线望京站 公共艺术作品

练习思考题

1.制作调查问卷，对当代社会群众对公共艺术（或公共设施）的认可度和看法进行社会调查。

2.思考关于我国"公共艺术"（或"公共设施"）的设计现状和未来发展趋势，自选角度写一篇2000字以内的论文。

参考文献

1. 李建盛 . 公共艺术与城市文化 [M]. 北京：北京大学出版社，2012

2. 王中 . 公共艺术概论（第二版）[M]. 北京：北京大学出版社，2014

3. 何小青 . 公共艺术与城市空间构建 [M]. 北京：中国建筑工业出版社，2013

4. 王鹤 . 公共艺术创意设计 [M]. 天津：天津大学出版社，2013

5. 陈新生 . 欧洲城市公共艺术 [M]. 北京：机械工业出版社，2012

6. 郝卫国，李玉仓 . 走向景观的公共艺术 [M]. 北京：中国建筑工业出版社，2011

7. 杨贵妮 . 国际公共艺术家论生态 [M]. 上海：上海文艺出版社，2011

8. 周成璐 . 公共艺术的逻辑及其社会场域 [M]. 上海：复旦大学出版社，2010

9. 马钦忠 . 国际著名公共艺术家：关于公共性的访谈 [M]. 上海：学林出版社，2008

10. 孙明胜 . 公共艺术教程 [M]. 杭州：浙江人民美术出版社，2008

11. 章晴方 . 公共艺术设计 [M]. 上海：上海人民美术出版社，2007

12. 诸葛雨阳 . 公共艺术设计 [M]. 北京：中国电力出版社，2007

13. 李永清 . 公共艺术设计实务 [M]. 南京：江苏美术出版社，2005

14. 施慧编 . 公共艺术设计 [M]. 杭州：中国美术学院出版社，1996

15. 刘森林 . 公共艺术设计 [M]. 上海：上海大学出版社，2002